Renate Vogl/Helga Sander

Das große Papierbastelbuch

Renate Vogl/Helga Sander

Das große Papierbastelbuch

Anleitungen und Vorlagen

Augustus Verlag

Liebe Bastelfreunde,

mit phantasievollen Kreationen und originellen Geschenken aus Papier kann man sich und anderen das ganze Jahr über Freude bereiten. Dabei bestechen Papierarbeiten nicht nur durch ihre Vielfalt, sondern auch dadurch, daß sie ohne großen Aufwand und meist kinderleicht zu basteln sind.
Daß nichts schiefgehen kann, das garantiert dieses Buch durch genaue Schritt-für-Schritt-Anleitungen und Vorlagen in Originalgröße, die Sie problemlos abpausen oder nachzeichnen können. Und ein kurzer Blick auf die »Tips und Tricks« zu Anfang dieses Buches hilft sicher auch dem ungeübten Bastler beim Einstieg in die bunte Welt der Papierbastelei.

Ob Glückwunschkarte, lustiges Fenstermobile, ausgefallene Verpackung oder festliche Dekoration – Papierarbeiten sind schnell gemacht und immer ein wirkungsvoller Blickfang!
Eine große Auswahl an Bastelpapieren in verschiedenen Qualitäten und Stärken ist in jedem Schreibwarengeschäft oder in allen Hobby- und Bastelläden zu finden. Suchen Sie sich einfach die schönsten Papiere und Farbtöne aus, legen Sie sich eine große Papierschere und eine kleine schlanke Nagelschere zum Ausschneiden zurecht, und schon steht einem kreativen Bastelvergnügen nichts mehr im Wege!

Und nun viel Freude beim Nachbasteln der Motive und beim Blättern in diesem Buch!

Inhalt

Bastelhilfe mit ...

Angaben zum Finden und Abpausen bzw. Übertragen einzelner Motivteile.

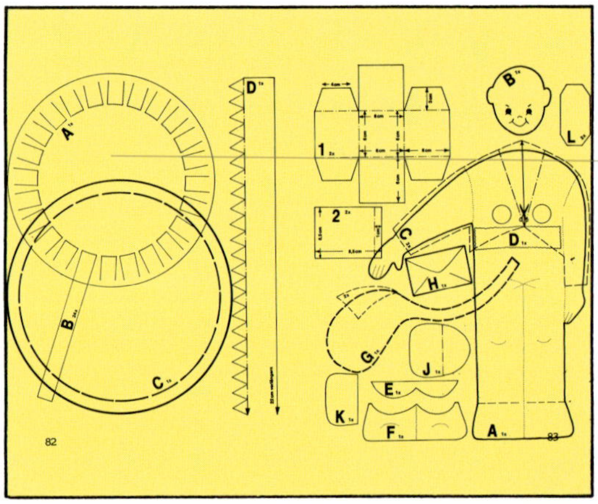

Was bedeuten die einzelnen Linien und Symbole?

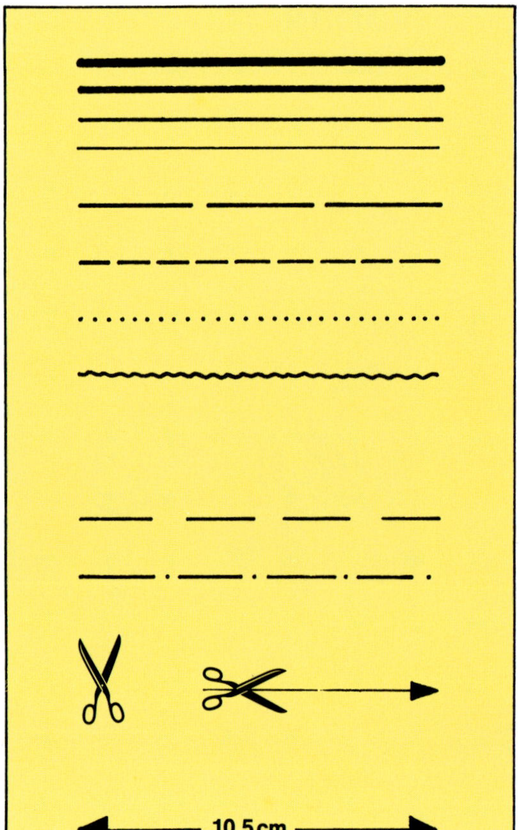

Bei jeder Bastelanleitung sind unterhalb der Materialliste die abzukopierenden Motivteile gekennzeichnet: Die Buchstaben A, B, C... stehen für das Motiv selbst, die Zahlen 1, 2, 3... stehen für die einzelnen Arbeitsschritte, die kleinen Zahlen 1x, 2x, 3x ... geben an, wie oft die einzelnen Teile zugeschnitten werden. Zum Abpausen eines Motives ein festes Transparentpapier sowie einen gespitzten Bleistift (Härtegrad 2B) verwenden. Danach das Transparent, die beschriftete Seite nach unten zeigend, auf das Bastelpapier legen. Alle Linien mit etwas Druck nachzeichnen. Transparent entfernen, und schon hebt sich deutlich die Motivkontur auf dem Bastelpapier ab.

Die abzukopierenden Motive sind durch unterschiedliche Linienstärken klar zu erkennen. Die einzelnen Motivteile, wie z.B. Körper, Flügel, Beine ... usw., werden wiederum durch unterschiedliche Linienführungen voneinander getrennt. Wichtig! Beim Abpausen immer einer Linienführung folgen.

Eine Strich-Kreuz-Strichlinie zeigt an, hier muß gekontert werden (siehe Zeichnung Seite 7, rechts unten).

Eine Strich-Punkt-Linie (Bruchlinie) zeigt an, hier muß die Bastelarbeit entlang dieser Linie gefaltet werden (siehe mittlere Zeichnung Seite 7).

Eine Schere zeigt an, hier wird eingeschnitten. Eine Schere mit Pfeil und Querstrich zeigt an, hier wird bis zur Pfeilspitze eingeschnitten. Zwei Pfeile in entgegengesetzter Richtung mit Zentimeterangabe stehen bei Zeichnungen, deren Motivdarstellung für eine Originalschnittvorlage zu groß war. Das Motiv kann an Hand der Maßangaben direkt auf das Bastelpapier übertragen werden.

...Tips und Tricks

Ob Kreise, Quadrate, Rechtecke, Ovale oder auch andere Formen aus einer geschlossenen Fläche herausgeschnitten werden, die Arbeitsschritte sind immer die gleichen. Zuerst mit leicht geöffneter Nagelschere in die Mitte der herauszuschneidenden Form einstechen, dann in einem großzügigen Bogen zur Schnittlinie hin einschneiden. Bei einem Rechteck, wiederum von der Mitte ausgehend, zu allen vier Seiten einen Bogen schneiden, dann erst zur Ecke hin einschneiden. Nie aus der Ecke herausschneiden oder direkt in die Ecke einschneiden. Mit diesen Arbeitstechniken erhält die Bastelarbeit saubere, fransenfreie Schnittkanten und exakte Winkelformen.

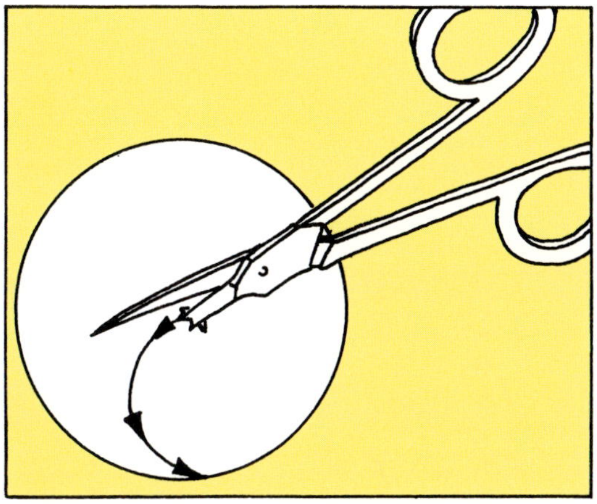

Aus einer geschlossenen Papierfläche Kreise und Rechtecke herausschneiden.

Mit einem kleinen Trick läßt sich Bastelkarton hervorragend falten: Laut Arbeitsanleitung die zu bastelnde Form ausschneiden. Die betreffende Faltstrecke ist durch eine Strich-Punkt-Strich-Linie gekennzeichnet. Entlang dieser Linie mit der geschlossenen Scherenspitze den Bastelkarton vorsichtig anritzen – nicht einritzen! Für diesen Arbeitsgang kann auch ein Lineal als Führung verwendet werden. Jetzt läßt sich das Teil leicht nach unten abknicken. Achtung! Die angeritzte Kartonfläche bestimmt immer die Außenseite bzw. rechte Seite einer Bastelarbeit. Am besten das Anritzen vor Bastelbeginn üben.

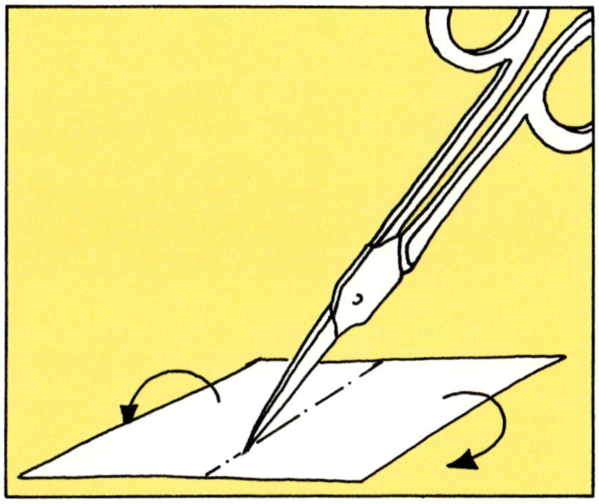

Eine Kartonfläche falten.

Einige der Motivformen sind auf Grund ihrer Größe nur zur Hälfte in der Bastelvorlage abgebildet. Diese Art der Abbildung trifft dann zu, wenn rechte und linke Kante des Motives gleiche Linienführungen aufweisen. Das halbe Motivteil abpausen, ausschneiden, und fertig ist die Schablone. Diese nun entsprechend der Zeichnung auf das Bastelpapier legen und an zwei Stellen mit Tesafilm befestigen. Die Außenkontur der Schablone nachzeichnen; die Mittellinie (Strich-Kreuz-Linie) nur leicht andeuten. Die Schablone entlang dieser Linie zur anderen Seite klappen, befestigen und aufzeichnen. Diese Arbeitstechnik nennt man auch »kontern«.

Was ist eine Schablone, und was bedeutet der Begriff »kontern«?

Hängetechnik für Mobiles

Die Aufhängung eines Mobiles muß nicht immer aus dünnen Holzstäben bestehen. Materialien wie Drahtstücke, Zweige, Trink- bzw. Strohhalme, Getreide- oder Blumenstiele und Papierröllchen können verwendet werden.

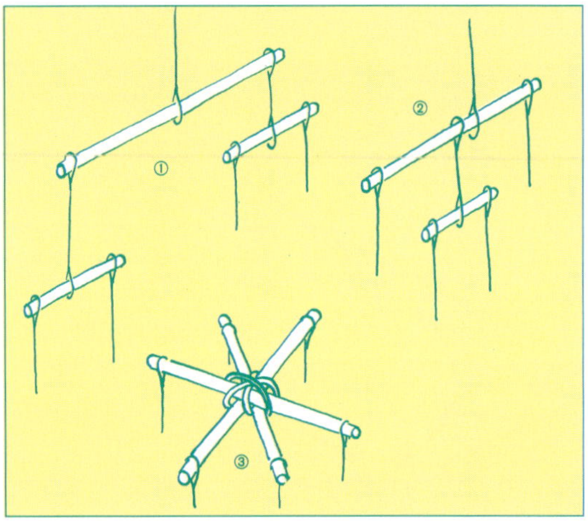

Es gibt drei Aufhängelösungen. In den Anleitungen sind die Mobilestäbe als Trag- und Tanzstäbe bezeichnet. Die erste Modellgrafik zeigt einen Tragstab und zwei Tanzstäbe, die zweite zeigt einen Tragstab und einen Tanzstab, die dritte besteht aus drei Tragstäben.

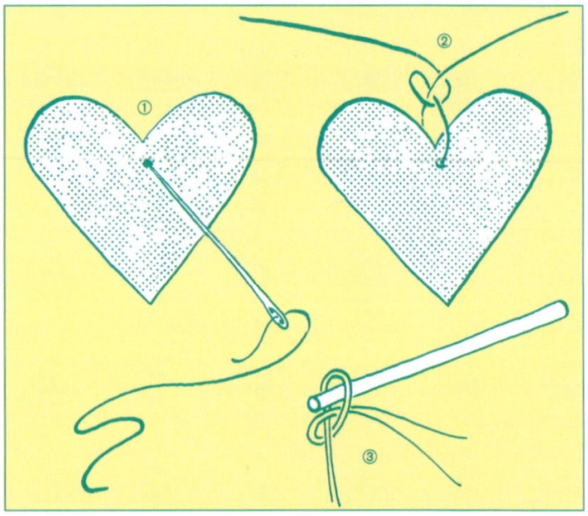

Motiv mit eingefädelter Nadel durchstechen, Faden ausmitteln und mit einem Knoten fixieren. Beide Fadenlängen parallel um die Enden des Aufhängestabes führen, die Höhe des Motives festlegen und mit einem zwei- oder dreifachen Knoten daran befestigen.

Die für das Mobile gewählten Stäbe an den Enden zuspitzen (Pos. 1) und mit Holzoliven oder Wattekugeln versehen (Pos. 3), um das Abrutschen des Aufhängefadens zu verhindern; dabei Uhu auf die Spitze der Holzstäbe auftragen (Pos. 2). Wattekugeln mit einer Nadel ausweiten. Beachten Sie hierbei auch nachfolgende Grafik, eine weitere Möglichkeit.

Zuerst die kurzen Tanzstäbe mit den Motiven (Pos. 1+2) und einem Pendelfaden (Pos. 3) versehen. Letzteren solange hin und her schieben, bis der betreffende Stab die Waage hält; ein eingeklemmter Kochlöffel oder ähnliches dient als Pendelhilfe. Alle Fäden können an Stelle von Kugeln auch mit einem Tropfen Klebstoff fixiert werden (Pos. 4).

Karten für viele Anlässe

Klappkarten

Material

Tonkarton
Braun, Gelb

Tonpapier
Weiß, Schwarz, Orange, Grün, Pastellgelb

Beginnen Sie mit dem Abpausen der Hasenvorlage (Foto Seite 9) und übertragen letztere auf den braunen Tonkarton; dabei Gesicht- und Ohrenteil entlang der Strich-Kreuz-Linie an- bzw. übereinander zeichnen. Nun die beiden Schnauzenteile separat auf weißes Tonpapier übertragen und, entsprechend der Vorlage, aufkleben; dabei den unteren Schnauzenrand nicht festkleben. Den Mund malen Sie mit schwarzem Filzstift aus und schieben weiße Tonpapierzähne unterhalb der Schnauze ein; nur die Einschubkante festkleben. Zähne, Schnauzenmitte und Backen mit schwarzem Filzstift hervorheben. Die Augen aus weißem, schwarzem und pastellgelbem Tonpapier aufkleben und schwarze Wimpern aufmalen. Jetzt noch dem Hasen eine schwarze Nase, weiße Innenohren und eine orangefarbige Mohrrübe verpassen; letztere unterhalb der Schnauze einschieben. Von der Kartenrückseite her entlang der Strich-Kreuz-Strich-Linie den Karton leicht anritzen, so daß Sie die Ohren problemlos nach vorne legen können. Das Küken wie den Hasen abpausen (linken Flügel auf die rechte Seite übertragen). Den Körper aus gelbem Tonkarton, die Augen sowie die Beine aus Tonpapier ausschneiden und aufkleben; den Schnabel entlang den gestrichelten Linien knicken und nur das Mittelteil aufkleben. Auch hier die Klapplinie vorsichtig auf der Rückseite anritzen.

Die Vorlage zu beiden Klappkarten ist auf den Seiten 84 und 85 zu finden:

A1 = Ohrenvorlage – Hase
A2 = Gesichtvorlage – Hase
A3 = Mohrrübe
A4 = Grünzeug zur Mohrrübe
B = Kükenvorlage

Fingerabdrücke

Eine tolle Einladung zu einem Kindergeburtstag haben Sie schnell mit einem Stempelkissen und Ihren eigenen Fingern geschaffen.
Falten Sie zuerst einige Klappkarten aus Zeichenkarton zurecht. Stempeln Sie dann mit der Kuppe Ihres Daumens oder Zeigefingers einige runde Formen sauber und sorgfältig auf die Vorderseite der Karten. Ist die Stempelfarbe gut getrocknet, können Sie mit einem dünnen schwarzen Filzstift oder der Zeichenfeder lustige kleine Männchen aus den Abdrükken machen. Verwandeln Sie die Abdrücke von Daumen und kleinem Finger in Katze und Maus, oder gestalten Sie eine Reihe Raben auf einem Telegraphendraht, oder lassen Sie zu Ostern kleine Häschen über die Karte hoppeln, oder drücken Sie einem Silvestergruß ein glücksbringendes Daumenschwein auf, oder...
Ihrer Phantasie sind, wie Sie sehen, keinerlei Grenzen gesetzt. Durch die Verwendung mehrerer Farben kann das Ganze noch interessanter gestaltet werden.

Mein Tip Diese lustige Stempelidee eignet sich gut, um rund um die Karte herum richtige kleine Geschichten zu erzählen.

Scherenschnitte...

Gerade ältere Menschen werden sich bestimmt über solch einen netten Gruß freuen, der direkt aus dem Biedermeier zu stammen scheint.
Gestalten Sie zuerst die Karte selbst. Dazu müssen Sie eine Faltkarte wie gewohnt aus einem Stück Zeichenkarton herstellen und sie anschließend außen mit Regenbogenpapier beziehen. Dabei müssen Sie darauf achten, daß das dünne Papier keine Falten wirft oder einreißt.
In den Fachgeschäften gibt es Scherenschnittpapier, das sehr dünn und gleichmäßig gefärbt ist. Sie können natürlich auch dünnes schwarzes Tonpapier nehmen, doch können Details auf Scherenschnittpapier besser ausgearbeitet werden. Das Spezialpapier ist außerdem nur einseitig schwarz gefärbt, so daß Sie für Ihre ersten Versuche eine Vorzeichnung auf der weißen Rückseite anlegen können.
Übertragen Sie die Vorlagen von Seite 85/86 mit Hilfe einer Schablone auf das schwarze Papier, und schneiden Sie die Figuren mit dem Grafikermesser (Cutter) auf der weichen Rückseite eines Zeichenblocks aus. Nachdem Sie eventuelle Knickstellen und Risse beseitigt bzw. mit Scribtol übermalt haben, müssen Sie das Motiv nur noch auf das Regenbogenpapier aufkleben. Verwenden Sie dafür besser keinen Klebestift, da feine Einzelheiten wie Gräser und Äste daran hängen bleiben können und abreißen.

Die Vorlagen für die Scherenschnitte finden Sie auf Seite 85/86.

voller Nostalgie

Schwarz auf Weiß...

Ausgelesene Zeitungen lassen sich sinnvoll wiederverwenden, wie man an diesen drei Motiven deutlich sieht.
Da das Zeitungspapier selbst einen hellen, weißlichen Ton besitzt, werden die Karten diesmal aus farbigem Tonkarton gefaltet. Bevor Sie die Vorzeichnung von Seite 85/86 auf Zeitungspapier übertragen und ausschneiden, achten Sie darauf, daß Sie für jedes Teil möglichst eine andere Schrift verwenden, zumindest muß aber die Richtung, in die die Zeilen laufen, jeweils eine andere sein, da sich sonst die einzelnen Elemente nicht genügend voneinander abheben. Legen Sie also, bevor Sie ein neues Teil ausschneiden, immer das passende bereits ausgeschnittene Motiv dazu, damit Sie sehen, ob man die Formen deutlich voneinander unterscheiden kann.
Haben Sie alle Elemente einer Figur beieinander, kleben Sie sie auf die Vorderseite der Karte. Achten Sie aber darauf, daß Sie mit dem Klebstoff die Druckerschwärze nicht verschmieren.
Um zu wissen, in welcher Reihenfolge Sie die Teile aufkleben müssen, schauen Sie sich die Abbildungen an. Die kleinsten Teile wie Nase, Augen und Mund kommen zum Schluß.
Sollten die Formen sich in Ihren Augen nicht ausreichend voneinander abheben, so ziehen Sie die Umrißlinien mit einem dünnen schwarzen Filzstift nach.

Die Vorlagen für Collagen aus Zeitungsausschnitten finden Sie auf Seite 85/86.

wie gedruckt

Weihnachtsbaum

Diese geschmackvolle, in Form und Farbe sehr zurückhaltende Weihnachtskarte vermittelt eine stille, festliche Atmosphäre.

Aus weißem, dünnem Papier (60–70 g/qm) schneiden Sie zunächst zweimal die Baumform nach der Vorlage von Seite 126 aus. Verdoppeln Sie dabei die Form, indem Sie das Papier falten, die halbe Baumform aufzeichnen und sie entlang des Umrisses mit einem Messer oder einer kleinen Schere ausschneiden, so daß jeweils ein symmetrischer Baum entsteht.

Stellen Sie nun die grüne Klappkarte aus einem Stück Tonkarton her. Sollte der Tonkarton nicht fest genug sein, so kleben Sie einfach zwei Bögen zusammen. Der Abstand von den seitlichen Kanten zum Mittelfalz sollte nur so groß sein, daß einerseits der Baum nicht aus der Karte heraussteht, und andererseits Sie die Karte bis zum Mittelfalz unter den Bügel eines Hefters schieben können, mit dem Sie dann die beiden Papierbäume im Mittelfalz an zwei Stellen festklammern.

Mein Tip Es wirkt sehr schön, wenn Sie Ihre Grüße zum Fest auf den Baum im Innern der Karte schreiben.

Tanne aus Streifen

Sehr schlicht und doch edel wirkt diese moderne Weihnachtskarte, die ein wenig Planung bei der Ausführung erfordert.
Bevor Sie mit der eigentlichen Karte beginnen, sollten Sie an einem Modell die richtige Form herausarbeiten. Falten Sie ein Stück Papier in der Mitte und zeichnen Sie einige waagerechte Linien in gleichmäßigen Abständen senkrecht zum Mittelfalz. Nun legen Sie Ihr Lineal oben am Mittelfalz an und zeichnen eine Schräge, die die spätere Baumform beschreibt. Falten Sie das Papier so zusammen, daß die Vorzeichnung außen liegt, und schneiden Sie es von der Faltkante her entlang den waagerechten Linien bis zur schrägen Begrenzung hin ein. Knicken Sie nun immer einen »übernächsten« Streifen zur Innenseite der Karte hin, so daß beim Aufklappen der Karte eine plastische dreieckige Baumform entsteht.
Anhand des Modells können Sie nun bestimmen, wie groß die Karte sein muß, damit die innen liegenden Streifen des Baumes nicht überstehen. Nach Ihrem Modell fertigen Sie anschließend das Innenteil der Karte an. Achten Sie darauf, daß keine unschönen, verräterischen Bleistiftspuren auf die Innenseite geraten. Kleben Sie nun dieses grüne Innenteil in eine Klappkarte ein, die Sie im gleichen Format aus Zeichenkarton hergestellt haben. So erhöht sich die plastische Wirkung der Kreation.

Engel- und Sternkarte

Material

Tonkarton
Pink oder Lila

Metallpapier
Goldton, Silberton, Lila

Für die Engelkarte benötigen Sie ein 21 cm x 15 cm Tonkartonrechteck, das Sie der Länge nach hälftig legen. Den Kopf, den Flügel und den Stern abpausen und auf das goldfarbige Metallpapier übertragen. Sie klappen die Karte auf und kleben den Kopf, den Heiligenschein, die Flügel sowie auch drei Sternchen entsprechend dem Foto auf. Für das Engelskleid schneiden Sie sich von der Metallpapierrolle einen 10 cm breiten Streifen ab. Letzteren falten Sie im Zick-Zackfalz mit 1 cm Falttiefe zusammen; an einer Schmalseite beginnen! Falzanfang und Falzende des Kleides so auf die Karte kleben, daß die Schnittkanten diagonal zu den unteren Kartenecken verlaufen; dabei rechts und links am Hals mit dem Aufkleben beginnen. Jetzt noch die restlichen Sterne auf die Kartenvorderseite aufkleben, sowie die oberen Kartenecken sternförmig einschneiden.

Für die Karte mit dem fächerartigen Stern eine gleichgroße Karte zuschneiden; ebenfalls hälftig legen. Eventuell mit Metallpapier abkleben. Zwei 10 cm breite Metallpapierstreifen von der Bastelrolle abschneiden und mit 1,5 cm Falttiefe im Zick-Zackfalz zusammenlegen. Ein Ende zur Spitze schneiden und die Falzkanten 2mal einkerben. Zwei 1,5 cm x 7 cm schmale Kartonstreifen zusammenkleben, dabei an einem Winkel zu einem Ständer auseinanderknikken. Die auf diese Weise abgeknickten Flächen in die Kartenmitte kleben und die Sternteile rechts und links am Standstreifen ankleben. Die andere Sternseite mit 1 cm Abstand zur Mitte auf die Karte kleben.

Die Bastelvorlagen zu diesen Weihnachtskarten befinden sich auf Seite 123.

Abpausvorlagen:
C = Engelskopf mit Heiligenschein
D = Flügel
E = Stern

Vor Bastelbeginn bitte auch Seite 6 beachten!

Zur Jahreswende

Mit dieser Karte gestalten Sie einen Neujahrsgruß auf originelle Art und Weise, denn wenn man die Zahl des alten Jahres auf den Kopf stellt, läßt sich das neue Jahr ablesen.
Falten Sie zuerst wieder aus einem Zeichenkarton eine Klappkarte. Kleben Sie nun die Jahreszahl des scheidenden Jahres aus selbstklebenden Folienbuchstaben senkrecht unterhalb des Knicks auf. Die Oberkanten der Ziffern sollten den Knick gerade eben berühren. Drehen Sie die Karte um und bringen Sie die neue Jahreszahl gegenüber der alten auf. Die Oberseiten der Ziffern müssen sich dabei genau gegenüberliegen. Schneiden Sie nun mit dem Messer die Ziffern aus der Karte aus. Dabei dürfen Sie den Karton aber nicht an den Unter- und Oberkanten der Ziffern einschneiden. Dort werden die Zahlen geknickt, wenn Sie die Karte zusammenklappen und dabei die Ziffern aufstellen. Hinterkleben Sie zum Schluß das Ganze noch mit einem farbigen Tonkarton.

Sehr effektvoll ist diese Klappkarte, die die Verbindung von altem und neuem Jahr anschaulich illustriert.

Originelle Verpackungen

Flaschenpost

Gerade bei Flaschen und anderen schlanken Geschenken kann man der Phantasie freien Lauf lassen. Diese Beispiele zeigen zwei auf unterschiedliche Art und Weise gestaltete Verpackungen, mit gleichermaßen großer Wirkung.

Das Päckchen auf dieser Seite ist ohne viel Beiwerk nur mit grünem Tonpapier und grüner Japanserviette gestaltet worden. Nachdem Sie das Geschenk in Tonpapier eingeschlagen haben, schneiden Sie einige Blätter aus der Serviette aus und ordnen sie über den Rand hinaus an. Drehen Sie dann drei Rosen aus dem Japanpapier und fügen Sie sie hinzu. Den Abschluß bildet ein leicht gekräuseltes grünes Band.

Die Verpackungen auf der gegenüberliegenden Seite lassen sich recht leicht und ohne viel Übung herstellen, auch wenn sie sehr detailreich gestaltet sind.

Beginnen Sie damit, daß Sie mit Flüssigkleber je eine kleine Styroporkugel auf den Flaschenhals kleben. Hüllen Sie dann die gesamte Flasche unterhalb der Kugel mit einem Bogen Filz in der Grundfarbe – rot oder blau – ein und kleben Sie die Kanten mit doppelseitigem Klebeband zusammen.

Für die männliche Figur schneiden Sie nun den Mantel aus einem Stück fliederfarbenem Filz nach der Vorlage auf Seite 87/88 aus und kleben ihn auf die Flasche. Den Kragen müssen Sie nur leicht umbiegen. Unter dem Kragen befestigen Sie jetzt die Ärmel, die Sie dann so miteinander verbinden, daß sie leicht einen Geschenkanhänger in Form eines Buches oder einer Zeitung halten können. Fliege, Gesicht, Haare und Hut lassen sich leicht aus farbigen Filzresten anfertigen und an der Figur anbringen.

Nachdem Sie die kleinere Flasche in ein Stück Filz eingehüllt haben, fertigen Sie ein Schultertuch nach der Vorlage Seite 87/88, das sich leicht an der Figur befestigen läßt. Unter dem Tuch kleben Sie die Arme an, die wie bei der großen Figur einen Geschenkanhänger halten sollen. Schneiden Sie nun aus Filzresten Haare, Kopftuch und die anderen Dekorationselemente aus und kleben Sie sie auf die Verpackung auf.

Die Vorlagen für das Flaschenpaar (Foto Seite 20) finden Sie auf Seite 87/88.

Weiches Japanpapier eignet sich gut zur Darstellung floraler Formen.

Pinguin

Die Vorlagen für den »Pinguin« finden Sie auf Seite 89/90.

Auch dieser lustige Pinguin ist schneller und einfacher herzustellen, als es auf den ersten Blick scheint. Alles, was Sie für den Anfang brauchen, ist eine Versandrolle aus Pappe, in der Sie Ihr Geschenk verstauen können.
Schneiden Sie die Rolle zuerst auf die richtige Länge zurecht. Bekleben Sie sie dann ringsherum mit schwarzem Tonpapier, wobei die Nahtstelle auf dem späteren Rücken zu liegen kommt. Übertragen Sie nun Kopf, Flügel, Schwanz und Füße von der Vorlage auf Seite 89/90 auf schwarzes Tonpapier. Gestalten Sie dann den Kopf zusätzlich mit farbigem Papier. Schneiden Sie die einzelnen Teile aus und befestigen Sie sie mit Doppelklebeband an den dafür vorgesehenen Stellen.
Aus dem Filz schneiden Sie sich anschließend den Schal zurecht. Vergessen Sie aber nicht die Fransen an den Enden. Legen Sie dem Pinguin jetzt den fertigen Schal mit einem lockeren Knoten um den Hals.
Bevor Sie den Vogel auf seine Füße stellen, müssen Sie das Geschenk von unten her in die Verpackung einführen. Danach können Sie die Fußplatte festkleben.

Mein Tip Muntern Sie einen Grippekranken auf, indem Sie dem Pinguin ein Fieberthermometer aus Zeichenkarton in den Schnabel stecken.

Hemdbrust

Verpacken im Hemdstil ist unwahrscheinlich modern.
Eine Art, Ihr Geschenk im wahrsten Sinne des Wortes einzukleiden, möchten wir Ihnen hier vorstellen.
Das Streifenmuster des Geschenkpapiers kommt der Gestaltung dieser Art von Verpackung sehr entgegen. Schlagen Sie zuerst das Päckchen so ein, daß die Streifen parallel verlaufen. Für den angedeuteten Kragen nehmen Sie einen zweiten Bogen Geschenkpapier und falten ein großes gleichschenkeliges Dreieck, dessen Basis etwa zweimal so breit ist wie das Geschenkpäckchen. Das Dreieck müssen Sie allerdings doppelt falten, da Vorder- und Rückseite sichtbar werden.
Knicken Sie zuerst einen etwa zwei Zentimeter breiten Streifen an der Basis ab. Legen Sie die äußeren Zipfel nun so auf die Spitze des Dreiecks, daß der entstehende »Kragen« weder rechts noch links über das Paket hinausragt. Kleben Sie nun die Spitzen und den gesamten Kragen auf dem Päckchen fest.
Die restliche Gestaltung bleibt Ihrer eigenen Phantasie überlassen; ob Sie nun echte Knöpfe verwenden, oder ob Sie Knöpfe und Schleife aus Karton ausschneiden, den Sie mit Klebstoff bestreichen und mit Glitter bestreuen, entscheidet allein Ihr persönlicher Geschmack.

Mein Tip Für diese Verpackung würde sich auch ein schöngemusterter Stoff gut eignen.

Das Hemd wird aus zwei Bogen Papier gefertigt.

Elefant ...

und Seelöwe

Wenn Sie die richtige Verpackung für den Kindergeburtstag suchen, sind diese beiden lustigen Zirkustiere bestimmt eine gelungene Überraschung.
Um den Elefanten recht lebendig zu gestalten, verwenden Sie am besten Tonpapier in zwei verschiedenen Grautönen. Die Maße der einzelnen Verpackungsteile hängen von der Größe des Geschenks ab. Beginnen Sie darum mit der Spitztüte, die Sie um das Präsent herum drehen und die den Leib des Elefanten darstellt. Der Körper und die Beine sollten übrigens dunkler als Kopf und Rüssel sein.
Drehen Sie als nächstes Röhren für die beiden Beine, schneiden Sie entsprechende Schlitze in den Rumpf, schieben Sie die Beine hindurch und kleben Sie sie von hinten mit Klebestreifen fest. Dann übertragen Sie die Form des Kopfes von der Vorlage auf Seite 92/93 auf Tonpapier und schneiden sie aus. Kleben Sie nun Augen und Stoßzähne an und setzen Sie den Kopf auf den Körper.
Der Seelöwe basiert auf der gleichen Grundform wie der Elefant. Drehen Sie auch hier einen Trichter um das Geschenk und dann einen entsprechend großen Kegel für den Kopf. Schneiden Sie nun die Flossen je zweimal aus, kleben Sie je zwei Teile zusammen und setzen Sie sie an den Körper an. Kräuseln Sie die Fransen für Bart und Haarschopf mit der Schere leicht an und kleben Sie diese und die Augen aus Papier am Kopf des Seelöwen an.

Die Vorlage für den Elefanten finden Sie auf Seite 92/93.

Die Vorlage für den Seelöwen finden Sie auf Seite 91.

Kaminkehrer

Die Vorlage für den »Kaminkehrer« finden Sie auf Seite 94.

Viele ausgefallene Verpackungsideen lassen sich mit Versandröhren aus Pappe leicht aber effektvoll verwirklichen. Kürzen Sie zuerst die Versandrolle mit einem scharfen Messer auf die für Ihr Geschenk erforderliche Größe. Bekleben Sie sie anschließend rundherum mit schwarzem Tonpapier oder Zeichenkarton. Schneiden Sie aus orangefarbenem oder rosa Papier nun die Gesichtsform aus und kleben Sie Mund und Wimpern auf. Schneiden Sie aus schwarzem Karton einen Ring für die Hutkrempe aus, dessen Innendurchmesser dem Durchmesser der Versandröhre entspricht... und ziehen Sie diese Krempe bis zur Oberkante des Gesichtsfeldes über die Rolle. Als nächstes fertigen Sie die Arme aus schwarzem Karton, wobei Sie die Hände in der Farbe des Gesichts bekleben. Wenn Sie die Arme am Körper befestigt haben, schneiden Sie die Gürtelschnalle und die Hemd- und Ärmelknöpfe aus goldfarbenem Papier aus. Kleben Sie zuerst alle Knöpfe auf die entsprechenden Stellen. Mit der Gürtelschnalle und einem Streifen leuchtendrotem Papier umkleiden Sie dann die Figur in der Mitte. Kleben Sie den Gürtel hinter dem Rücken zusammen. Aus Resten des roten Papiers werden die Verzierungen am Ärmel gemacht. Ein weißer Streifen Papier am Hals deutet den Hemdkragen an, auf den die rote Schleife aufgeklebt wird. Die Leiter sollte aus stärkerem Karton hergestellt werden.

Bunte Spielereien

Schmunzeldrache

Material

Tonkarton
Grasgrün

Tonpapier
Orange, Gelb, Weiß
Postklammern 10 Stück

Bewegungsablauf
Die einzelnen Körperglieder sind nur mit Postklammern verbunden. Dadurch kann der Drachenkörper in jede beliebige Stellung gebracht werden.

Die Bastelvorlagen zum Schmunzeldrachen befinden sich auf Seite 95.

Abpausvorlagen:
A = Kopf mit Stachelansatz
B = Hals mit Stachelansatz
C = Feueratem
D = Bauchteil mit Stachelansatz
E = Arm
F = Bein
G = Schwanzansatz
H = Restliche Schwanzteile

Vor Bastelbeginn bitte auch Seite 6 beachten!

Alle Vorlagen separat abzeichnen und ausschneiden. Die Körperschablonen auf den grasgrünen Karton auflegen, die Stachelteile auf das gelbe Tonpapier. Nachdem Sie die Körperteile 1mal ausgeschnitten haben, beginnt der Zusammenbau. Die Markierungspunkte einstanzen, dann die Körperteile mit Postklammern verbinden: Kopf und Hals; Hals auf Körper; Körper auf Schwanzansatz; Schwanzansatz auf das restliche Schwanzteil, dessen einzelne Glieder ebenfalls zusammengeklammert werden. Zum Schluß erhalten Arm und Bein ihren Platz am Körper. Am Kopf die schraffierte Fläche (in der Vorlage angegeben) herausschneiden. Den Freiraum mit schwarzem Tonpapier und aufgeklebten, gelben Zähnen hinterkleben. Das Augenteil am Kopf ankleben und mit Augenweiß sowie einer großen Pupille versehen. Nase, Wange und Maulkontur mit schwarzem Filzstift hervorheben. Einen Feueratem in Orange und Gelb sowie auch die Stachelteile hinter den Körper kleben. Jetzt schneiden Sie alle Teile ein zweites Mal zu und fertigen ebenso ein zweites Kopfteil an; ohne Feueratem. Von diesen Körperteilen klammern Sie nur Arm und Bein am Körper an. Danach geben Sie jedem Körperglied einen Tropfen Klebstoff in die Flächenmitte. Vorsichtig drücken Sie diese Glieder nacheinander auf das fertige Körperteil. Sie beginnen mit der Schwanzspitze und enden am Kopf. Auf diese Art und Weise werden die unschönen Klammerarme verdeckt.

Wirbelwind »Flop«

Sie pausen alle zutreffenden Vorlagen ab; jede Kreisfläche separat abzeichnen. Letztere entsprechend den Zuschnittangaben auf die Tonkartenfarben legen; die Farbenfolge beliebig zusammenstellen. Die Papprolle, die den Kopf darstellen wird, verkleiden Sie mit weißem Schreibpapier. Die Augen und den Mund malen Sie entsprechend der Vorlage mit schwarzem Filzstift auf. Die Nase aus rotem, die Wangen aus blauem Tonpapier dazu kleben. An der Unterkante des Kopfes kleben Sie eine kleine Kreisfläche auf. Bei der Oberkante den Haarschopf befestigen. Dieser besteht aus einer großen Kreisfläche, deren Kante Sie ringsum fransig einschneiden. Jetzt noch zwei DIN A4 Schreibblätter, an einer Längsseite beginnend, ganz eng einrollen. Die Kante festkleben. Mit einer großen Schere die beiden Papierrollen in 1,5 cm kurze Röllchen schneiden. Jetzt brauchen Sie noch ein ca. 70 cm langes Knopflochgarn und eine Stricknadel. Zuerst bringen Sie am Garnende einen dicken Knoten an. Anschließend fädeln Sie abwechselnd Kreisflächen und Röllchen auf. Hierzu auch das Foto betrachten. Die größten Kreisflächen bilden die Körpermitte. Den Kopf ebenfalls auffädeln und am Haarschopf wiederum einen dicken Knoten anbringen. Einen separaten Aufhängefaden von einer Kopfseite zur anderen durchziehen und oberhalb am Haarschopf zusammenbinden.

Material

Tonkarton
Blau, Hellblau, Türkis

Schreibpapier
Unliniert, Weiß

Tonpapier
Rot, Blau

Papprolle
5,5 cm lang,
ø ca. 4,5 cm

Bewegungsablauf
Durch Anschubsen der mittleren Kreisfläche windet sich der ganze Körper und dreht sich im Kreis.

Die Bastelvorlagen zum Wirbelwind befinden sich auf Seite 96.

Abpausvorlagen:
D = Haarschopf
E = Körperteile (unterschiedlich große Kreisflächen)
F = Gesicht

Vor Bastelbeginn bitte auch Seite 6 beachten!

Klimperkatze

Material

Tonkarton
Weiß, Rosa

Tonpapier
Violett, Schwarz

1 Postklammer

Bewegungsablauf
Durch kurze Bewegungen des Schwanzes schließen und öffnen sich die Augen der Katze. Außerdem wird eine rote Zunge sichtbar.

Alle Vorlagen von Seite 97 auf festes Transparentpapier abpausen und ausschneiden. Die Körperform 1mal auf den rosafarbigen Tonkarton legen und die Außenkontur exakt nachzeichnen; das rechte, hintere Bein nicht aufzeichnen (Zeichnung 1). Die gleiche Körperform, inklusive rechtes Hinterbein, auf den weißen Tonkarton aufzeichnen (Zeichnung 2). Beide Körperteile ausschneiden; Augenform und Mund (schraffierte Fläche) vom rosafarbigen Körper herausschneiden. Das Augen-Schwanzteil, Vorlage B, 1mal, die Mütze 2mal in Weiß zuschneiden. Jetzt die Augenschlitze entsprechend Vorlage B mit einem orangefarbigen Filzstift aufmalen; die Augenränder mit einer schwarzen Konturlinie hervorheben. Die angeschnitte Zunge wiederum rot anmalen. Jetzt Vorlage C auf das schwarze Tonpapier legen, aufzeichnen und ausschneiden; gepunktete Flächen herausschneiden. Entsprechend der Scherenmarkierung die Wimpern einschneiden und nach oben formen. Schnitteil C dem Augenteil B anpassen und aufkleben. Am Schwanzteil und am Hinterteil der Katze bei den Markierungspunkten jeweils ein Loch einstanzen. Entsprechend Zeichnung 3 das bewegliche Augen-Schwanzteil auf das weiße Körperteil legen. Am Ohr und Kinn etwas Klebstoff auftragen, dann das rosafarbige Körperteil kantengleich aufkleben; gleichzeitig Hinterteil und Schwanz mit einer Postklammer zusammenhalten. Entsprechend dem Foto die Mietze vervollständigen.

Die Bastelvorlagen zur Klimperkatze befinden sich auf Seite 97.

Abpausvorlagen:
A = Katzenkörper
B = Schwanz und Schnauze (bewegliches Körperteil)
C = Wimpernteil
D = Mütze

Bastelvorgaben:
1 = Ausschnitt vorderer Katzenkörper
2 = Ausschnitt hinterer Katzenkörper
3 = Anbringung des beweglichen Körperteils

Vor Bastelbeginn bitte auch Seite 6 beachten!

Clown »Schöööön«

Alle Vorlagen abpausen und ausschneiden. Den Kopf, den Fuß und die Hand auf Weiß, den Overall sowie dessen Ärmel auf Lila aufzeichnen. Schneiden Sie alle Teile 2mal, den Ärmel 4mal zu. Der Overall besteht aus zwei Teilen: zum einen aus dem vorderen Körperteil mit gestrecktem Bein, zum anderen aus dem hinteren Körperteil mit angewinkeltem Bein. Hier schneiden Sie jede Körperform 2mal zu. Anschließend kleben Sie letztere und auch die Arme paarweise zusammen; dabei Füße und Hände einschieben. Jetzt kleben Sie beide Körperhälften vom Halsausschnitt bis hin zur Kniebeuge zusammen; dabei schieben Sie den Kopf am Halsausschnitt ein. Aus dem roten Tonpapier schneiden Sie die Nase und die Haare 2mal aus und kleben die Teile beidseitig am Kopf an. Die beiden blauen Hutteile erhalten einen weißen Verzierungsstreifen und werden ebenfalls beidseitig am Kopf plaziert. Eine Blume mit grünem Stiel und gelber Blüte vervollständigt die Kopfbedeckung. Auge und Mund zeichnen Sie mit einem schwarzen Filzstift dazu. Nun stanzen Sie am Oberkörper, am vorderen Fuß, an beiden Händen sowie auch an beiden Oberarmen Löcher ein. Die Arme legen Sie beidseitig am Körper an und halten Sie mit einer Postklammer an Ort und Stelle. Aus dem schwarzen Tonkarton schneiden Sie vier Kreisflächen mit einem Durchmesser von 10 cm zu. Je zwei Flächen zusammenkleben und Zierspiralen aufkleben. Um den Clown mit den Rädern verbinden zu können, stanzen Sie jeweils in der Kreismitte ein Loch ein. Jetzt schieben Sie ein Rad zwischen den Händen ein und halten es dort mit einer Postklammer fest. Das zweite Rad erhält seinen Platz zwischen dem hinteren Overallbein und dem vorderen Fuß; bei letzterem anklammern. Zum Schluß verzieren Sie den Clown ganz nach Ihrer Phantasie.

Material

Tonkarton
Lila, Weiß, Schwarz

Tonpapier
Rot, Orange, Weiß, Blau, Gelb

Postklammern
3 Stück

Bewegungsablauf
Dieser Clown kann rollen und seine Arme auf und ab bewegen.

Die Bastelvorlagen zum Clown befinden sich auf Seite 98.

Abpausvorlagen:
A = Körper
B = Haare
C = Radverzierung
D = Blume

Vor Bastelbeginn auch Seite 6 beachten!

»Schneehaserl« und »Pinky«

Material für einen Hasen

2 Papprollen
ca. 10 cm lang

Tonkarton

Kreppapier

Bastelfarbe
Weiß, Schwarz

Für diese lustigen Spielgefährten schneiden Sie eine der beiden Papprollen auf 7 cm Länge zu, messen an einer Seite 2 cm ab, zeichnen ringsum eine Hilfslinie auf und ritzen entlang dieser Linie den Karton leicht an. Entsprechend Zeichnung A1 schneiden Sie dann im Abstand von 1,5 cm die Kante bis zu dieser Linie mehrmals ein. Entsprechend Zeichnung A2 knicken Sie die Einschnitte zur Mitte hin gleichmäßig um, lassen eine ca. 1 cm große Öffnung stehen und befestigen die Kanten mit Tesafilm. Mit einem 32 cm großen Kreppapier wickeln Sie die große Rolle von der Schmalseite beginnend ein und schlagen die überstehenden Kanten ins Rolleninnere hinein. Das geformte Rollenteil wickeln Sie ebenso in ein 32 cm x 13 cm großes Kreppapier ein; beachten Sie dabei, daß am abgeschrägten Ende das Papier nur 1,5 cm übersteht. Auch hier die Kanten einschlagen. So erhalten Sie den Kopf und den Körper des Hasen. Jetzt bestimmen Sie die Position des Hasen – sitzend oder stehend – und kleben die beiden Rollen dementsprechend aufeinander. Die Vorlagen von Arm, Bein, Ohr und Schwanz auf Tonkarton übertragen, ausschneiden und dem Hasen anpassen; dabei den Schwanz entlang der gestrichelten Linie abknicken. Ein Gesicht aufmalen, und fertig ist der Papierhase.

Die Bastelhilfe zum Aufbau der Hasen ist auf Seite 114 zu finden:

A1 = Einschneiden des Kopfteiles
A2 = Formung der Schnauze; Verkleidung mit Kreppapier

Die Bastelvorlage ist ebenfalls auf Seite 114 zu finden:

A3 =Ohr
A4 = Bein
A5 = Arm für sitzende Stellung
A6 = Arm für stehende Stellung
A7 = Schwanz

Kugelspiel

Sie nehmen zwei Papprollen und umwickeln sie mit schwarzem Tonpapier. Die anderen beiden Papprollen halbieren, so daß Sie vier Rillen erhalten. Drei davon benötigen Sie für den Spielturm. Auch diese Rollenhälften umkleben Sie mit Tonpapier. Zwei der Rillen erhalten jeweils an einem Ende sogenannte Fallöcher; die unterste Rille bleibt ohne Loch. Von der Endkante 2 cm zum Rilleninneren abmessen, diese Stelle markieren und nochmals 2,5 cm abmessen. Von Markierung zu Markierung einen Kreis herausschneiden. Jetzt drükken Sie bei jeder Rille die Endkanten an der gewellten Unterseite 1 cm ein, so daß diese Flächen im rechten Winkel hochstehen. Diese Flächen streichen Sie mit Klebstoff ein und kleben sie zwischen die schwarzen Turmrollen. Darauf achten, daß die Endkanten mit dem Falloch versetzt zueinander liegen und immer im abfallenden Winkel aufgeklebt werden. Die unterste, rechte Rillenkante nicht eindrükken, dafür mit einer schmalen Tonpapierschlaufe am Turm festhalten. Zum Schluß noch die beiden Turmspitzenteile aus rotem Tonpapier kegelförmig zusammenkleben und auf die Türme setzen. Welche Kugel am weitesten rollt, hat gewonnen.

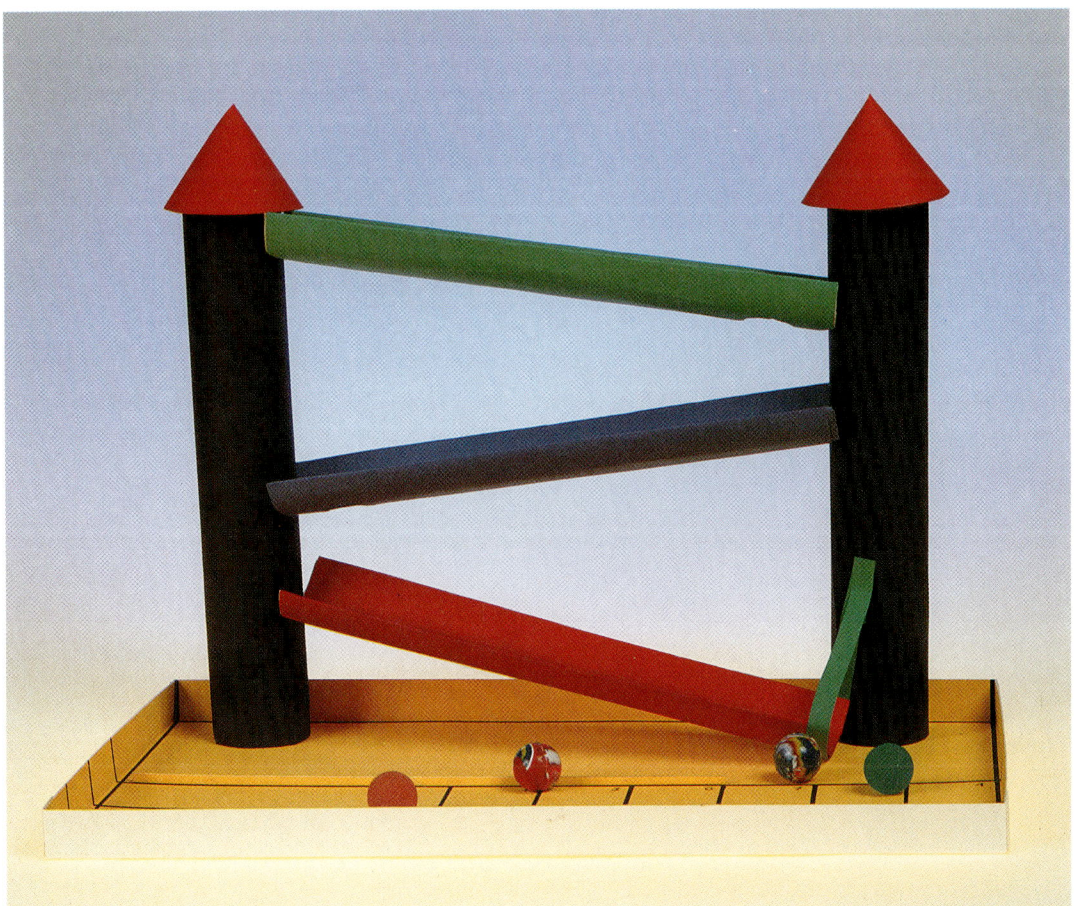

Material

Tonpapier
Rot, Grün, Blau, Schwarz

4 Papprollen
(von Küchenpapier)

Kleine Gummibällchen oder Holzkugeln
Ø ca. 2 cm

Bewegungsablauf
Kleine Kugeln oder Bällchen werden bei der obersten Rille eingesetzt und rollen bei der untersten wieder heraus.

Die Bastelvorlage zum Kugelspiel befindet sich auf Seite 114.

Abpausvorlage:
H = Turmspitze

Vor Bastelbeginn bitte auch Seite 6/7 beachten!

Hampelküken und Ente

Material Küken

Tonkarton
Gelb, Schwarz, Orange

Tonpapier
Weiß

Postklammern
4 Stück

Knopflochgarn
Gelb

Material Ente

Tonkarton
Hellblau, Blau, Orange

Tonpapier
Gelb, Weiß, Schwarz

Postklammern
4 Stück

Knopflochgarn
Blau

Die Bastelvorlagen zum Küken und zur Ente befinden sich auf Seite 99.

Abpausvorlagen:
C = Kükenkörper
D = Flügel vom Küken
E = Bein vom Küken
F = Entenkörper
G = Flügel der Ente
H = Schwimmfuß der Ente

Bastelvorgaben:
2 = Kürzen der Postklammern

3 = Fadenzug-verbindung

Vor Bastelbeginn bitte auch Seite 6/7 beachten!

Sie pausen die Vorlagen auf festes Transparentpapier ab und schneiden die Formen aus; hierzu Flügel, Beine, Kükenschnabel separat abpausen. Die Transparentschablonen legen Sie nun entsprechend den Fotos auf die betreffenden Tonkartonfarben. Den Kükenkörper zeichnen Sie 1mal, den Flügel 2mal auf den gelben Tonkarton, das Bein 2mal auf den schwarzen Tonkarton, den Schnabel 1mal auf den orangefarbigen Tonkarton. Das Augenweiß schneiden Sie aus dem weißen Tonpapier aus und setzen schwarze Pupillen darauf. Alle anderen Körperteile ebenfalls ausschneiden. Nun kann der Aufbau des Kükens beginnen. Entsprechend der Kükenvorlage stanzen Sie vier Löcher in das Körperteil ein, je ein Loch am Flügelende. Die Flügelfedern mit schwarzem Filzstift andeuten. Das Flügelende hinter den Körper legen und dort festklammern. Da die Postklammerarme etwas zu lang sind, kürzen Sie sie einfach durch Abknicken; nicht abzwicken. Zeichnung 2 zeigt diesen Vorgang. Die Klammerarme hinter dem Kükenkörper nicht zu fest auseinanderpressen. Die Flügel sollen locker hin und her pendeln können. Die Beine ebenso an der Körperunterseite anklammern. Jetzt Zeichnung 3 betrachten und die 30 cm langen Ziehfäden an den beweglichen Körperteilen befestigen. Wo Sie die Fäden mit Hilfe einer Nadel anbringen, entnehmen Sie den Vorlageformen. Flügel- und Beinkante haben nahe den Lochmarkierungen zusätzlich eine Strich-Punkt-Markierung. An den Punkt-Markierungen die Fäden durchziehen und dort anknoten. Führen Sie die Fäden entsprechend Zeichnung 3 zur Körperunterseite. Flügel und Beine lassen Sie gerade herabhängen. In dieser Stellung Flügel- und Beinfäden zusammen verknoten; ca. 13 cm Fadenlänge stehen lassen und am Ende erneut einen Knoten anbringen. Nun erhält das Küken noch ein Gesicht. Den Schnabel knicken Sie entlang den Bruchlinien in die richtige Stellung und kleben ihn mit der schmalen Fläche auf. Ebenso die Augen aufkleben. Hamsterbacken und Wimpern dazuzeichnen. Zum Schluß bringen Sie am Kopf noch einen Aufhängefaden an, und schon kann die Strampelei losgehen.

Die Ente in der gleichen Weise anfertigen. Den angeschnittenen Schnabel am Kopf mit gelbem Tonpapier überkleben und mit schwarzem Filzstift abgrenzen. Flügel und Schwimmfüße am Körper anklammern, dann die Ziehfäden anknoten.

Mein Tip Küken und Ente beschriften, dann als Ostergruß an liebe Freunde veschicken.

Zirkuslöwen

Material

Tonpapier
Gelb, Orange, Schwarz

Von allen Vorlagen Schablonen anfertigen. Jetzt schneiden Sie das Tonpapier zu: 1mal 14 cm x 14 cm, 1mal 16 cm x 16 cm und 1mal 20 cm x 20 cm. Alle drei Quadrate zur Hälfte zusammenfalten. Jetzt legen Sie die Löwenschablone mit der Rückenkante an die Faltkanten. Zeichnen Sie die Außenkonturen nach. Mit einer Nagelschere schneiden Sie jeden Löwen in doppelter Papierlage aus; den Rücken nicht durchschneiden! So erhalten alle Tiere vier Beine und können jetzt selbständig stehen. Den Schwanz für den sitzenden Löwen separat ausschneiden und am Hinterteil ankleben. Jetzt noch die Mähne aus braunem Tonpapier ausschneiden und auch fransig schneiden. Jeweils zwei Fransenteile hintereinander auf jede Kopfseite von zwei Löwen kleben. Das Gesicht mit schwarzem Filzstift aufzeichnen. Auch die Ohren ausschneiden und am Kopf plazieren. Die Setzstücke (Sitzgelegenheit) basteln Sie aus 3 cm hohen Papprollen, die Sie mit braunem Tonpapier umkleben. Die braune Sitzfläche einfach oben aufkleben. Die Standfußteile 2mal aus schwarzem Tonpapier ausschneiden, zusammenkleben und anschließend zur Hälfte zusammenlegen. Den Reif mit orangefarbigen Feuerzungen hinterkleben. Den Ständer durch den Reif führen und zusammenkleben.
Zum besseren Stand Vorlage G ausschneiden und unterkleben.

Die Bastelvorlagen befinden sich auf Seite 113.

Abpausvorlagen:
A = Gehender Löwe
B = Sitzender Löwe
C = Springender Löwe
D = Mähne
E = Standfuß vom Feuerreif
F = Feuerreif
G = Sitzfläche und auch Verstärkung des Standfußes beim Feuerreif

Vor Bastelbeginn bitte auch die Seite 6 beachten!

Laternenente

Zuerst zeichnen Sie die Vorlage zur Ente mit einem 2B-Bleistift ab und übertragen die Konturen der Ente entsprechend den Angaben von Seite 6 auf den Bastelkarton.
Die schraffierten Flächen in Zeichnung 1 zeigen, welche Teile der Ente herauszuschneiden sind. Nach dem Ausschneiden legen Sie das sogenannte Laternengerüst, Farbfläche auf Farbfläche, auf den Bastelkarton und zeichnen die Konturen erneut auf; danach ausschneiden. Jetzt bekleben Sie beide Entenhälften mit dem farbigen Transparentpapier und zeichnen die abzuklebenden Flächen entlang den Kanten auf. Danach schneiden Sie sie mit 4 mm Randzugabe aus. Beim Anbringen der Farbflächen den Klebstoff am Karton auftragen. Nun schneiden Sie noch einen 46 cm x 11 cm Verbindungsboden aus dem Bastelkarton zu. Die beiden Längskanten des Bodens 1 cm tief und keilförmig einschneiden; Zeichnung 2 beachten! Diese Kanten im rechten Winkel abknicken; die Bruchkante vorher leicht anritzen, dann mit Klebstoff einstreichen.
Ab Markierungspfeil den Boden an die Hals- und Bauchkante beider Entenformen kleben. Am Entenrücken einen ca. 30 cm langen Drahthenkel anbringen.

Material

Bastelkarton
Grün

Transparentpapier
Gelb, Rot, Blau, Violett

Draht
ca. 30 cm lang

Die Bastelvorlagen zur Laternenente befinden sich auf Seite 100/101.

Abpausvorlage:
A = Entenmotiv

Bastelvorgaben:
1 = Laternengerüst
2 = Verbindungsboden

Vor Bastelbeginn bitte auch Seite 6 beachten!

Kinderleichte Mobiles

Gemüseeintopf

Alle Vorlagen abpausen, dann mit dem Koch von Seite 102 das Mobile beginnen. Zuerst die Körperkontur (durchgezogene Linie) auf hellbraunes Tonpapier übertragen und ausschneiden. Mütze, Mützenrand (gepunktete Linie), Hemd (langgestrichelte Linie), Hose (kurzgestrichelte Linie) und Schuhe aus weißem Tonpapier ausschneiden, dann in aufgeführter Reihenfolge dem Koch anpassen: Hemd, Hose, Schuhe und Mütze; hierbei ist zu beachten, daß am Hinterkopf ein paar Plüschhaare miteingeklebt werden und das Hemd des Kochs aus einem hochgeschlossenen Rückteil und einem leicht ausgeschnittenen Vorderteil besteht.
Den Kochlöffel in Beige ausschneiden und auf der rechten Hand plazieren; das Glöckchen an der linken Hand befestigen. Die Finger (gepunktete Linien) einzeln in hellbraunem Tonpapier ausschneiden und den Händen anpassen. Einen karierten Stoffrest am vorderen Hosenbund in Falten legen, festkleben und einen schmalen Bundstreifen darüberkleben, den Sie am Rükken zu einer Schleife zusammenbinden. Zum Schluß noch einen Aufhängeklip an der Hose anbringen und Einkaufszettel einklemmen. Das Gesicht mit Filzstift aufmalen.
Das Zwiebelfleisch (starke durchgezogene Linie) in Beige, die beiden Zwiebelschalen in Braun ausschneiden und von beiden Seiten der Zwiebel anpassen.
Die Kohlrabiknolle (gestrichelte Linie), die Blätter und die Blattansätze an der Knolle in Violett ausschneiden; die Blattansätze einmal aufzeichnen, entlang der Bruchlinie, Stoß an Stoß, umklappen und ein zweitesmal (seitenverkehrt) aufzeichnen, dann erst ausschneiden. Die Kohlrabiknolle an den betreffenden Stellen einschneiden, die Blattansätze durchziehen, nach oben knicken und die Blätter oberhalb von beiden Seiten ankleben.
Das Fruchtfleisch des Kürbis (durchgezogene Linie) in Beige ausschneiden und die Schalenteile in Orange beidseitig anpassen.
Die Erbsenschoten (durchgezogene Linie) in Grün, den Schotenrand (gestrichelte Linie) und die Erbsen in Grasgrün ausschneiden, dann an einer Seite der Schote anbringen. Die Lauchknolle in Beige ausschneiden, überlappend zusammensetzen und die Blätter einschieben.
Alle Teile am Kochlöffel und am Koch selbst befestigen.

Variation Wer will, kann noch den Gemüsetopf von Seite 102 in Beige ausschneiden und dem Koch in die Hand drücken.

Material

Tonpapier
Weiß, Hellbraun, Violett, Grün, Grasgrün, Beige, Orange

Stoffrest
kariert

1 Glöckchen
1 Kochlöffel
1 Aufhängeklips
(Haushaltswaren)

Klebstoff
Fixogum oder Uhu

Nähgarn
Weiß

Werkzeug

Cutter · Schere · Nadel

Die Vorlage zum »Gemüseeintopf« finden Sie auf den Seiten 102 bis 104:
1 = Koch
2 = Zwiebel
3 = Kohlrabi
4 = Kürbis
5 = Erbsenschote
6 = Lauch

Bitte beachten Sie den Vorlagenhinweis auf Seite 103 und die technischen Hinweise auf Seite 8.

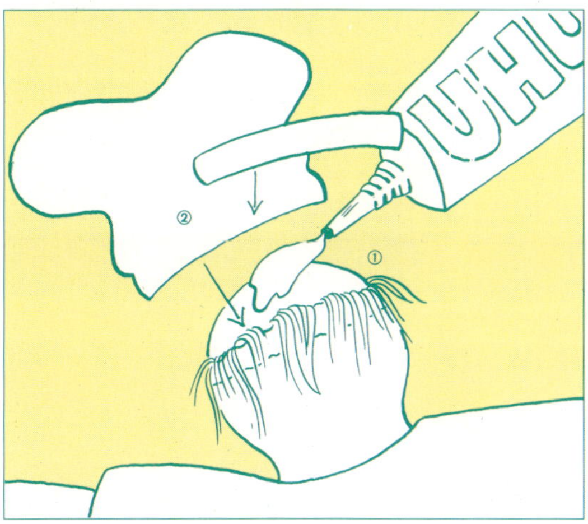

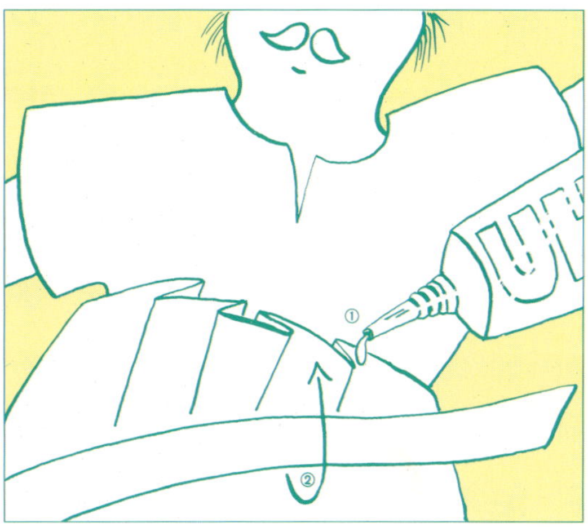

Erste Grafik:
Anbringen von Haarteil und Mütze am Hinterkopf.

Zweite Grafik:
Aufkleben der Schürze.

Pferdekarussell

Material

Tonkarton
Schwarz, Rot, Weiß

Tonpapier
Orange, Gelb, Schwarz, Rot

Klebstoff
Fixogum und Uhu

Nähgarn
Weiß

Werkzeug

Schere
Cutter

Die Vorlage zum »Karussell« finden Sie auf Seite 141 mit den Nummern:

6 = Dach
7 = Dachverbindung
8 = Pferd

Bitte beachten Sie den Vorlagenhinweis auf Seite 103 und die technischen Hinweise auf Seite 8.

Die Vorlage des Karusselldaches abpausen und auf den schwarzen, roten und weißen Tonkarton auflegen. Die Teile ausschneiden und sternförmig zusammenkleben; die gleichfarbigen Dachverbindungen an der Vorderkante einschieben. Die Vorlage des Pferdes je 4mal in Schwarz, Rot und Weiß, die Mähne und den Schwanz je 12mal in Schwarz, die Pferdedecke je 4mal in Rot, Gelb und Orange ausschneiden. Die Verbindungsstücke, gleichzeitig Sitzfläche der Pferde (8b), und die Ohren (8c) je 2mal in der betreffenden Pferdefarbe ausschneiden und entlang der Bruchlinien knicken. Augen, Halfter und Hufe aufmalen, den Kopf in Ohrenhöhe einschneiden, Mähne und Schwanz ebenfalls einschneiden, letztere auf die Innenseite der Motive kleben, Pferdedecken an der Außenseite anbringen. Die Pferde paarweise durch Einkleben des Verbindungsstückes zusammensetzen, die Ohren durchziehen und in Form knicken. Zügel in gewünschter Länge am Halfter ankleben und je ein Pferd an einer Dachecke anbringen.

Malstunde

Alle Vorlagen wie dargestellt abpausen und mit den Malpinseln beginnen. Die Stielkontur (durchgezogene Linie) in Blau und Pink je 2mal (bzw. 4mal wenn beide Pinselstiele in einer Farbe angefertigt werden), die Pinselhalterung in Beige (gewellte Linie) und Grau (gestrichelte Linie), die Pinselhaare in Schwarz sowie die eingefärbte Haarspitze (gewellte Linie) entsprechend der Pinselstielfarbe ausschneiden. Die Pinselstiele zusammenkleben, Pinselhaare einschieben, dann Pinselhalterung und Farbspitze von beiden Seiten her ankleben. Die Buntstifte in Grasgrün und Orange je 2mal (bzw. 4mal bei Farbgleichheit), das angespitzte Holzteil (gestrichelte Linie) in Hellbraun, das Antriebsfeuer am Buntstiftende Grau und die Farbspitze entsprechend der Stielfarbe ausschneiden. Die Buntstiftteile paarweise zusammenkleben, dabei die Farbspitze und das Antriebsfeuer einschieben, dann die angespitzten Holzteile von beiden Seiten ankleben. Den Klecks zweifarbig übereinanderkleben; ebenso die Farbstriche. Alle Teile wie abgebildet zu einem Mobile formieren.

Variation Fertigen Sie dieses Mobile in den Lieblingsfarben Ihres Sprößlings an.

Material

Tonkarton
Pink, Blau, Grasgrün, Orange

Tonpapier
Rot, Blau, Hellbraun, Grün, Schwarz, Beige, Grau

Klebstoff
Fixogum

Nähgarn
Grau

Werkzeug

Schere
Cutter

Die Vorlage zur »Malstunde« finden Sie auf Seite 105 mit den Nummern:

7 = Pinsel
8 = Buntstift
9 = Farbklecks
10 = Farbstriche

Bitte beachten Sie den Vorlagenhinweis auf Seite 103 und die technischen Hinweise auf Seite 8.

Herbstliches ...

Material

Tonkarton
Hellblau, Weiß, Hellgrau, Gelb, Schwarz

Watte

Filzschreiber
Schwarz

Klebstoff
Uhu

Nähgarn
Weiß

Werkzeug

Cutter
Papierschere

Transparentpapier auflegen und alle Konturen so abkopieren, daß sie sich nicht überschneiden. Die einzelnen Motivformen erkennen Sie exakt an den verschiedenartigen Konturlinien; d.h. jedes Motiv und auch wiederum deren Details haben eine eigene Konturlinie. Vorlage 1, die große Wolke, auf den hellblauen Tonkarton auflegen, den äußeren und inneren Wolkenumriß nachzeichnen, ausschneiden, dann die hellblaue Wolke auflegen, nachzeichnen und ein zweites Mal ausschneiden; so erhalten Sie kantengleiche Wolkenausschnitte. Etwas Watte über den Hohlraum eines Wolkenteils legen und entlang der Innenkante ankleben. Das zweite Wolkenteil dem ersten anpassen, betreffende Fläche mit Klebstoff einstreichen und über die Watte kleben.
Jetzt den Umriß von Herrn Wind auf hellgrauen Tonkarton, die gestrichelten Wolkenfelder wie Augenbrauen, Arm und Füße auf weißen Tonkarton übertragen und ausschneiden. Die Bauchmitte, wie bei der großen Wolke bereits beschrieben, mit Watte versehen; dabei letztere zwischen den Wolkenkörper schieben. Die Augenbrauen und die Füße standrichtig aufkleben. Den Arm entsprechend der Vorlage in Position bringen und nur den Oberarm aufkleben, so daß die Hand lose über dem Wattebausch liegt. Wolke 4 ebenfalls aus weißem Tonkarton ausschneiden und von der Rückseite her an den beiden Motivteilen anbringen; die Position bestimmen Sie selbst. Die Sonne 3 in Gelb ausschneiden und hinter den spitzen Wolkenverlauf kleben. Die Regentropfenvorlage 5 zweimal aus hellgrauem Karton ausschneiden, die Füße viermal aus schwarzem Karton, dann je zwei Füße von der Rückseite her an die Regentropfenbeine kleben. Den Zylinder entlang der langgestrichelten Außenkontur auf schwarzen Tonkarton übertragen, dem kurzgestrichelten Konturenverlauf folgend den hinteren Hutrand auf hellgrauen Karton übertragen und der durchgezogenen Linie folgend den vorderen Hutrand ebenfalls auf Hellgrau aufzeichnen. Hut und Ränder ausschneiden, dann zusammensetzen. Wie in der Vorlage dargestellt Herrn Wind, Frau Sonne, beiden Regentropfen und dem Zylinder Gesichtszüge aufsetzen bzw. aufmalen. Die kleinen Regentropfen 11mal aus hellgrauem Tonkarton ausschneiden und mit der Spitze nach oben an der Windwolke mit Nähgarn befestigen. Beide Regentropfen und den Zylinder versetzt zueinander ebenfalls anbringen. Das Windspiel zwischen Daumen und Zeigefinger auspendeln und an einem doppelten Nähfaden aufhängen.

... Windspiel

Die Vorlage zum »Windspiel« finden Sie auf den Seiten 106/107 mit den Nummern:

1 = Große Wolke
2 = Herr Wind
3 = Frau Sonne
4 = Kleine Wolke
5 = Regentropfen
6 = Zylinder

Bitte beachten Sie den Vorlagenhinweis auf Seite 103 und die technischen Hinweise Seite 8.

Katzenserenade

Material

Tonkarton
Weiß

Tonpapier
Rost, Blau, Schwarz, Rot

Klebstoff
Fixogum oder Uhu

Tortenspitze
(Tortenuntersetzer)

Werkzeug

Schere · Cutter · Nadel

Die Vorlage zur »Katzenserenade« finden Sie auf den Seiten 108/109 mit den Nummern:

1 = Hausmauer
2 = Rothaariger Kater
3 = Weiße Kätzin
4 = Schwarzhaarige Kätzin
5 = Kätzchen mit Buckel
6 = Kätzchen sitzend
7 = Offenes Herz
8 = Geschlossenes Herz

Bitte beachten Sie den Vorlagenhinweis auf Seite 103 und die technischen Hinweise auf Seite 8.

Alle Konturen abkopieren. Die Hausmauer entlang der Bruchlinie kontern. Die Mauerkontur 3mal auf den weißen Tonkarton übertragen. Anschließend Fenster und Türen ausschneiden, die Mauerteile entlang der Mittellinie leicht anritzen und leicht knicken. Bei allen drei Mauerteilen auf der linken Haushälfte ein Fadenkreuz aufkleben, eventuell aus Tortenspitzen Gardinen aufkleben, dann die Mauerteile wie in der ersten Grafik dargestellt (Pos. 1, 2, 3) zusammenkleben.
Fensterläden, Tische und Stühle aus blauem Tonpapier anfertigen und aufkleben. Kleine schwarze Tonpapierkätzchen ausschneiden und nach Belieben auf die Treppe, auf die Mauer oder auf den Tisch bzw. Stuhl setzen. Jetzt das Katzentrio anfertigen. Beginnen Sie mit dem Kater (Vorlage 2). Den Körper (gestrichelte Linie 2a) auf weißen Tonkarton übertragen und ausschneiden. Die vordere Haarpracht (starke durchgezogene Linie) mit angeschnittenem Ohrenpaar und den Schwanz je 1mal auf rostfarbiges Tonpapier übertragen und ausschneiden. Die rückwärtige Haarpracht (2b) ebenfalls 1mal in Rost herausschneiden. Zuerst das vordere Teil vorlagengetreu auf den Körper kleben, dann das rückwärtige Teil kantengleich dagegenkleben und den Schwanz an der angegebenen Stelle einschieben. Die Ohren aus- und die Gesichtszüge aufmalen. Nun »Mieze 3« anfertigen. Auch hier zuerst den Körper (gestrichelte Linie 3a) 1mal, das vordere Haarteil mit angeschnittenen Ohren 1mal, den Hinterteilschopf 2mal, den Schwanz 1mal und das rückwärtige Haarteil (3b) 1mal auf den weißen Tonkarton übertragen und ausschneiden. Den Konturenstand des vorderen Haarteils aufzeichnen (zweite Grafik, Pos. 1), das Haar dementsprechend aufkleben (Pos. 3), hinteres Haarteil dagegenkleben (Pos. 2), dann beide Gesäßbüschel an betreffender Stelle fixieren; dabei den Schwanz einschieben. Schwanzschleife 2mal, freistehendes Zopfband ebenfalls 2mal und anliegendes Zopfband 1mal auf rotes Tonpapier übertragen, ausschneiden und an den Zöpfen befestigen. Gesichtszüge einzeichnen und die Ohren ausmalen. Jetzt Kätzin 4 anfertigen. Der gestrichelten Linie folgend den Körper (4a) aus weißem Tonkarton ausschneiden. Vorderes Haarteil, rückwärtiges Haarteil (4b) und den Bauch sowie auch den Schwanz aus schwarzem Tonpapier ausschneiden. Alle Teile an die richtige Stelle kleben; den Schwanz hinten einschieben. Ohren ausmalen und Gesichtszüge einzeichnen. Herzen aus rotem Tonpapier ausschneiden und mit dem Katzentrio an der unteren Mauerkante aufhängen.

Erste Grafik: *Zusammenkleben der Hausteile.*

Zweite Grafik: *Anbringen der Katzenhaare.*

Sternschnuppen

Material

Tonkarton
Blau, Gelb

Metallfolie
Gold

Glittersternchen
Gold

Watte
Weiß

Klebstoff
Fixogum oder Uhu

Nähgarn
Gelb

Werkzeug

Cutter
Nadel

Die Vorlage zu »Sternschnuppen« finden Sie auf Seite 110 mit den Nummern:

1 = Großer Stern
2 = Kleiner Stern
3 = Sternschnuppe stehend
4 = Sternschnuppe tanzend
5 = halber Sternenrock

Bitte beachten Sie den Vorlagenhinweis auf Seite 103 und die technischen Hinweise auf Seite 8.

Die abgepauste Sternschablone (1) je 3mal auf den gelben und blauen Tonkarton aufzeichnen, umklappen und entlang der Bruchlinie, Stoß an Stoß, seitenverkehrt erneut aufzeichnen, so daß Sie einen vollständigen Stern erhalten; ausschneiden, alle Sterne entlang der Bruchlinie leicht anritzen, knicken und, in den Farben abwechselnd, die Sterne zusammenkleben. Sechs Metallsterne (2) ausschneiden und paarweise, jedoch die Spitzen versetzt, zusammenkleben. Die Sternschnuppenkörper in Gelb, die Sternenröcke und die Halskrausen in Blau ausschneiden und entsprechend der Vorlage den Körpern anpassen; die Röcke entlang der Bruchlinie knicken und in Höhe der Taille beidseitig anbringen. Haare aus Watte aufkleben und Glittersternchen über die Körper verteilen. Die Gesichtszüge aufmalen; zwei Augen und einen lachenden Mund. Die Sternschnuppen an die äußersten Spitzen des Großen Sterns hängen; die Metallsterne an die unteren Spitzen.

Arabische Wüste

Die Wüstenlandschaft 2mal aus hellbraunem Tonkarton und 1mal aus gelbem Tonpapier im Konterverfahren ausschneiden und etwas versetzt zusammenkleben; schmale Sandspuren herausschneiden und Palmen einschieben. Das Kamel in Hellbraun anfertigen. Den Lastengurt in Gelb von beiden Seiten ankleben, entlang der Bruchlinie knicken und verschiedenfarbige Transparentröllchen als Stoffballen daraufkleben. Zügel in Gelb anbringen. Den Wüstenfuchs aus hellbraunem Tonkarton ausschneiden und den Kopf mit angeschnittener Mähne in Beige dazukleben. Scheich Ali besteht aus zwei blauen Gewandteilen; Hände, Füße und Kopf in Hellbraun werden eingeschoben. Den hellbraunen Krug unter dem Arm plazieren und mit Transparentpapier das Wassermotiv andeuten.
Die Schärpe in Gelb, den Kopfschutz in Grau und das Stirnband in Blau je 2mal aufkleben. Den Körper der Prinzessin in Hellbraun ausschneiden, dann der Reihe nach die Bekleidungsstücke ankleben: Transparenter Overall (langgestrichelte Linie), blaues Höschen, transparenter Rock in Pink (gewellte Linie) inklusive dem Hinterrock (6c), Bolero in Blau (gepunktete Linie) inklusive Bolero-Rückteil (6d), Haare in Schwarz inklusive Hinterkopf (6b), transparenter Schleier (vorne Sichtfeld ausschneiden) und blaue Kappe.

Material

Tonkarton
Hellbraun, Gelb, Blau

Tonpapier
Grün, Blau, Beige, Gelb, Grau

Transparentpapier
Weiß, Gelb, Pink

Klebstoff
Uhu

Nähgarn
Grau

Werkzeug

Schere
Cutter

Die Vorlagen zu »Arabien« finden Sie auf den Seiten 111/112 mit den Nummern:

1 = Wüstenlandschaft
2 = Palme
3 = Kamel
4 = Wüstenfuchs
5 = Scheich Ali
6 = Prinzessin Dalilah

Bitte beachten Sie den Vorlagenhinweis auf Seite 103 und die technischen Hinweise auf Seite 8.

Praktische Geschenk-ideen

Briefmarkendiener

Die Streichholzschachteln zu einem Turm übereinanderkleben und die Schuber mit Postklammern versehen. Für den Briefträger alle dafür notwendigen Vorlagen abpausen. Den Körper sowie die Bekleidung auf die betreffenden Tonpapier- und Tonkartonfarben aufzeichnen und alle Teile ausschneiden. Nun bekommt der Postbote sein typisches Aussehen. Zuerst kleben Sie den Gürtel auf. Anschließend setzen Sie beide Kopfteile von beiden Seiten an den oberen Körperrand. Ein Jackenteil von hinten ankleben. Das andere Jackenteil entsprechend der Vorlage in der vorderen Mitte durchschneiden und entlang den Bruchlinien knicken. Nun beide Jackenhälften der Körpervorderseite anpassen. Zwei gelbe Knöpfe dazukleben. Anschließend die Socken, dann die Schuhe anpassen. Die graue Taschenklappe auf den Taschenbeutel kleben und letztere dem Postboten anlegen. Das vordere Mützenteil zur »Mütze mit Schild« knicken und mit dem hinteren Mützenteil am Kopf ankleben. Nun zeichnen Sie mit Hilfe eines weißen, roten und schwarzen Farbstiftes die Innenlinien sowie das Gesicht auf. Den Brief kleben Sie hinter die Hand des ausgestreckten Armes. Den Postboten selbst kleben Sie mit dem Rücken an einer Seitenwand des Turmes fest. Die andere Seitenwand mit schwarzem Tonkarton verkleiden.

Für die Sammelboxen zeichnen Sie exakt nach den Bastelvorgaben 1 und 2 die offene Schachtelkontur und den Klappdeckel je 2mal auf den gelben Tonkarton. Nach dem Ausschneiden knicken Sie die Teile entlang den Bruchlinien jeweils zur Innenseite hin um. Sie erhalten so die gewünschte Schachtelform und kleben sie auch als solche zusammen.
Die Klappdeckel entlang den Bruchlinien knicken und innerhalb der oberen Boxkanten einkleben. Die Schachteln auf den Kopf stellen, so daß der Deckel unten liegt. Auf ihm zeichnen Sie mit einem Bleistift entlang der vorderen Schachtelwand den Einschnitt für die Führung der Verschlußlasche auf; ca. 2,5 cm lang. Diese Strecke einschneiden. Die schwarzen Verschlußlaschen ein Stück durchziehen, und das untere Ende an der Vorderseite der Boxen aufkleben. Die Schachteln selbst entsprechend dem kleinen Foto an der schwarzen Turmseite festkleben.

Material

Bastelkarton
Weiß (auch weißer Verpackungskarton möglich wie z. B. Schuhkarton oder Verpackungskarton in Hemden, Strümpfen oder ähnlichem)

Tonkarton
Gelb, Schwarz, Beige

Tonpapier
Grau, Orange, Blau

Streichholzschachteln
10 Stück

Postklammern
10 Stück

Die Bastelvorlagen zum Briefmarkendiener befinden sich auf Seite 115.

Abpausvorlagen:
A = Körper
B = Kopf
C = Jacke
D = Gürtel
E = Socken
F = Schuhe
G = Tasche
H = Brief
J = Vorderes Mützenteil
K = Hinteres Mützenteil
L = Box-Verschluß-lasche

Bastelvorgaben:
1 = In- und Auslandbox
2 = Box-Klappdeckel

Vor Bastelbeginn bitte auch Seite 6/7 beachten!

Geburtstagsraupe

Material

Tonkarton
(auch Bastelkarton möglich)

Blau, Pink, Gelb, Hellblau

Tonpapier
Blau, Grün, Weiß, Orange

Die Bastelvorlagen zur Geburtstagsraupe befinden sich auf Seite 96.

Abpausvorlagen:
A = Kopf mit Augen, Nase und Mund
B = Körperglied
C = Zwischenglied (Verbindung der einzelnen Körperglieder)

Vor Bastelbeginn bitte auch Seite 6 beachten!

Die Anfertigung dieser lustigen Raupe ist ganz einfach.
Sie pausen zuerst die betreffenden Vorlagen von Seite 96 auf Transparentpapier ab und schneiden sie aus. Die Kopfschablone legen Sie auf den blauen Bastelkarton und zeichnen die Außenkontur nach. Ein rundes Körperglied ebenfalls als Schablone verwenden und auf die verschiedenen Kartonfarben aufzeichnen: je 3mal auf Blau, Pink, Hellblau und Gelb. Alle Körperglieder ausschneiden; ebenso den Kopf. Jetzt schneiden Sie noch 12 Verbindungsglieder in Blau zu und setzen die Raupe nach Lust und Laune zusammen; dabei die Verbindungsglieder auflegen und die Körperglieder darüberkleben. Den Kopf setzen Sie selbstverständlich an die Spitze und geben ihm noch ein fröhlich lachendes Aussehen. Die Augen entsprechend der Vorlage in aufgeführter Reihenfolge aufkleben: das eigentliche Auge in Weiß, darüber eine schwarze Fläche, darüber wiederum eine grüne Fläche und zuletzt eine schwarze Pupille. Der weiße Mund und die orangefarbige Nase vervollständigen das Raupengesicht. Jetzt noch 13mal 3 cm x 3 cm große Tonpapierquadrate fransig einschneiden und hinter den Verbindungsgliedern sowie hinter den Fühlern ankleben.
Zum Schluß alle Körperglieder von Januar bis Februar beschriften und alle Geburtstagskinder mit Namen und Datum darauf festhalten.

Sparpilz

Zuerst die große Papprolle auf eine Länge von 16 cm zuschneiden. In den meisten Fällen hat eine Klopapierrolle einen geringeren Durchmesser als eine Küchenpapierrolle, so daß beide leicht ineinanderzustecken sind. Jetzt pausen Sie alle Vorlagen ab. Sie übertragen die Bodenform auf den Verpackungskarton. Die Stielverkleidung, den Arm, den geöffneten Fruchtrillenkreis und die Vorlagen für den Ringschleier übertragen Sie auf das weiße Tonpapier. Alle Teile ausschneiden. Ein Ende der längeren Papprolle mit einem 5 cm breiten, weißen Papierstreifen umkleben. Nun die Stielverkleidung nacheinander darüberkleben. Die Teile für den Ringschleier überlappend nacheinander am Stiel- bzw. Kopfende ankleben. Augen, Mund und Nase entsprechend dem Foto aufkleben. Die Hände entlang den eingezeichneten Linien einschneiden. Die Arme seitlich am Stiel in Position bringen. Die Hutfläche aus dem roten Tonpapier aus- und den Einwurfschlitz in der Mitte herausschneiden. Die weißen Flecken aufkleben. Die geöffnete Kreisfläche in Weiß entsprechend der Vorlage rundherum einschneiden - auch den Innenrand.
Nun kleben Sie die Kreisfläche zu einem Trichter zusammen und knicken die Oberkante nach innen, die Unterkante nach außen. Sie stecken von oben her die Klopapierrolle in den Trichter. Am oberen Rollenrand verteilen Sie etwas Klebstoff und befestigen dort den unteren Trichterrand. Jetzt noch einen weißen Papierstreifen um die Rolle kleben und die Hutfläche aufkleben. Den Pilz mit Blättern auf dem Boden plazieren.

Material

Papprollen
1 x 22 cm lang
(von Küchenpapier)
1 x 9,5 cm lang
(von Toilettenpapier)

Verpackungskarton
Weiß oder Grau

Tonpapier
Rot, Weiß, Grün, Schwarz, Blau

Die Bastelvorlagen zum Sparpilz befinden sich auf Seite 118/119.

Abpausvorlagen:
A = Boden
B = Verkleidung des Pilzstieles
C = Vorlagen für den Ringschleier am oberen Stielende
D = Augen, Mund und Nase
E = Fruchtrillen unterhalb am Hut (geöffnete Kreisfläche)
F = Hutfläche mit Flecken
G = Arm

Hinweis:
Wer einen Zirkel hat, zieht die benötigten Kreise selbst. Hierzu den Zirkel entsprechend den Pfeilangaben in der Vorlage einstellen.

Vor Bastelbeginn bitte auch die Seite 6 beachten!

Lesezeichen

Material

Tonkarton
Schwarz, Grau

Tonpapier
Gelb, Grau, Rot

Zum Abpausen der Vorlagen benötigen Sie Transparentpapier. Mit einem weichen 2B-Bleistift zeichnen Sie die Außenkonturen sowie auch die Innenkonturen exakt ab. Das Übertragen von Salamander und Elefant auf schwarzen und grauen Tonkarton kann auf zwei Arten erfolgen: Sie legen ein weißes Kopierpapier (aus der Schneiderei bekannt) zwischen Vorlage und Tonkarton und zeichnen die Tierformen mit etwas Druck durch. Eine weitere Möglichkeit besteht darin, daß Sie die Form aus dem Transparent ausschneiden und sie als Schablone verwenden. Diese legen Sie auf den Tonkarton auf und zeichnen die Außenkontur mit Bleistift oder einem Farbstift nach. Das gleiche geschieht mit dem Ohr des Elefanten. Für die Flecken und die Zunge des Salamanders sowie für den Stoßzahn und den Ball des Elefanten klappen Sie das Transparent um und legen es mit der beschrifteten Seite nach unten auf das betreffende Tonpapier auf. Jetzt zeichnen Sie diese Konturen mit etwas Druck nach. Der Bleistiftgraphit der zuvor abgepausten Zeichnung bleibt somit am Tonpapier hängen und gibt die Form exakt wieder. Die Zeichnung liegt jetzt allerdings seitenverkehrt vor Ihnen. Nach dem Ausschneiden bringen Sie die einzelnen Teile wieder in die richtige Vorlagenstellung. Die Zunge des Salamanders kleben Sie auf der Unterseite des Kopfes an. Die Flecken über den ganzen Körper verteilen. Das Auge schneiden Sie aus weißem Papier aus und setzen eine Pupille in Schwarz ein. Beim Elefanten kleben Sie den Ball hinter das Rüsselende sowie den Stoßzahn hinter den Oberkiefer. Das Ohr entlang der Bruchlinie falten und am Kopf plazieren.
Zur Verdeutlichung der einzelnen Körperglieder zeichnen Sie die Innenkonturen (gepunktete Linie in der Vorlage) mit schwarzem Filzstift nach. Die hellen Lichtstellen, auf dem Foto ersichtlich, malen Sie mit weißem Farbstift auf; ebenso das Auge.

Die Bastelvorlagen zu den Lesezeichen befinden sich auf Seite 116.

Abpausvorlagen:
A = Salamander
B = Elefant

Vor Bastelbeginn bitte auch Seite 6 beachten!

Hahnenbox

Nehmen Sie eine kleinere Waschmittelbox und bekleben die Innenseite mit braunem Tonpapier; dabei messen Sie pro Seite: Höhe + 4 cm x Breite. Die 4 cm Mehrhöhe schlagen Sie an der Boxoberkante nach außen und kleben das Tonpapier dort fest. Jetzt pausen Sie alle Vorlagen ab und schneiden sie aus. Die Schablone der Verkleidung legen Sie je 5mal auf die betreffenden Tonpapierfarben. Entscheidend für diese Zuschnittangabe ist die Größe der Waschmittelbox. Sie beginnen an der unteren Kartonkante, die Teile nacheinander anzukleben; dabei ca. 2–2,5 cm überlappen. Die nächste Reihe in neuer Farbenfolge darüberkleben. Nachdem die ganze Box verkleidet ist, schneiden Sie die Flügelteile aus: je 2mal in Grün, Rot und Grasgrün. Diese nacheinander entsprechend dem Foto an den Boxseiten aufkleben. Das Auge in Weiß und Schwarz davorkleben. Den Schnabel in Orange entlang den Bruchlinien knicken. Die Fläche in der Schnabelmitte mit Klebstoff versehen und an der betreffenden Stelle plazieren. Die Kehllappen in Rot zuschneiden und unterhalb des Schnabels ankleben. Den Hahnenkamm, ebenfalls in Rot, einschneiden und an der Boxkante einstecken. 2,5 cm schmale Tonpapierstreifen in verschiedenen Farbtönen zuschneiden und als Schwanzfedern dem Hahn ankleben.

Material

Waschmittelbox
(kleinere Ausführung)

Tonpapier
Rot, Orange, Grün, Grasgrün, Hellblau, Blau, Braun, Weiß, Schwarz

Die Bastelvorlagen zur Hahnenbox befinden sich auf Seite 117.

Abpausvorlagen:
A = Verkleidung
B = Auge und Pupille
C = Flügelteile
D = Schnabel
E = Großer Kehllappen
F = Kleiner Kehllappen
G = Hahnenkamm

Vor Bastelbeginn bitte auch Seite 6/7 beachten!

Segelschiff

Material

Tonkarton
Braun, Beige

Tonpapier
Beige, Blau

Transparentpapier
Orange, Violett

Die Bastelvorlagen zum Segelschiff befinden sich auf Seite 120/121.

Abpausvorlagen:
A = Schiffsboden
B = Schiffswand
C = Heck
D = Oberdeck
E = Ausguckplattform

Bastelvorgaben:
1 = Zusammenbau von Schiffswand auf Schiffsboden
2 = Heck- und Deckanbringung
3/4 = Anbringung der Besegelung

Vor Bastelbeginn bitte auch Seite 6/7 beachten!

Alle Vorlagen abpausen und die Formen ausschneiden. Letztere auf die betreffenden Tonkartonfarben legen: den Schiffsboden und das Heck je 1mal auf Braun, die Schiffswand 2mal auf Braun, das Oberdeck 1mal auf Beige. Alle Teile ausschneiden. Sie knicken an den Schiffswänden die untere eingekerbte Kante entlang der Bruchlinie um; ebenso die Bugkante. Nun betrachten Sie Zeichnung 1+2 und kleben den Bootsrumpf zusammen. Einen Fensterstreifen, wie in Vorlage B eingezeichnet, ausschneiden und an beiden Seiten des Schiffskörpers anbringen. Für die »Takelage« benötigen Sie 2 Masten mit 22 cm Höhe und 6 mm Breite, sowie 1 Mittelmast mit 25 cm Höhe und 6 mm Breite. Diese Mastteile jeweils doppelt zuschneiden und zwecks Stabilität paarweise zusammenkleben. Nun die Querbalken, die sogenannten »Rahen«, an denen später die Segel angebracht werden, zuschneiden: pro Mastbaum 1mal 11 cm, 1mal 14 cm, 1mal 16 cm; der Mittelmast erhält zusätzlich eine 9 cm lange »Rahe«. Letztere unterhalb der Mastspitze mittig aufkleben. Alle anderen »Rahen« ebenso in Position bringen; dabei das Foto beachten. Nun, wie in Zeichnung 3 dargestellt, die Segel anbringen. Das orangefarbige Transparentpapier auflegen und die Segelgröße aufzeichnen; Segelbreite jeweils um 2 cm kürzer als die betreffende »Rahe«; Länge ca. 10-12 cm. Bevor Sie die Masten aufstellen, fertigen Sie vorab noch die blauen Leiterwanten an. Für die kürzeren Masten 16mal 1 cm x 2 mm schmale Streifen zuschneiden, davon 4 Streifen in 2,5 cm kurze Stücke schneiden; für den Mittelmast benötigen Sie 9mal 19 cm x 2 mm schmale Streifen, 3 davon in 3 cm kurze Stücke schneiden. Wie auf dem Foto ersichtlich, nun die Leiterwanten anfertigen. Überstehende Sprossenenden (Querwanten) abschneiden. Jetzt knicken Sie die Masten an der Unterkante 1 cm um und kleben sie auf das Oberdeck. Die Plattformen für den Ausguck ausschneiden, einschneiden und jeweils an der zweiten »Rahe« von oben am Mast einschieben. Eine kleinere Plattform für den Mittelmast an dessen Spitze anbringen. Vorsegel, Achtersegel sowie Flaggen entsprechend dem Foto anbringen.

Postkartenbox

Material

Bastelkarton
Pink

Tonkarton
Violett

Sie pausen die Vorlage A, den Schweinekörper, ab und übertragen ihn 2mal auf den pinkfarbigen Bastelkarton sowie 2mal auf den violetten Tonkarton. Auf die Ohrenstellung achten! – Berücksichtigen Sie 1mal ein stehendes Ohr und 1mal ein nach vorne gelegtes Ohr! Schneiden Sie die Teile aus und kleben jeweils einen Körper aus Tonkarton auf einen Körper aus Bastelkarton; auf Kantengleichheit achten! Das Schwänzchen ebenfalls abpausen, übertragen und ausschneiden. Die Bastelvorgabe 1 zeigt den Zuschnitt des Zwischenstückes. Entsprechend den Angaben ein Rechteck auf den violetten Tonkarton zeichnen, ausschneiden und die Längskanten 0,5 cm tief einkerben. Bei den Einkerbungen eine Bruchlinie ziehen und die Kanten umknicken. Eine dieser Kanten auf einen Schweinekörper entlang der gestrichelten Linie in der Vorlage, von Pfeilmarkierung zu Pfeilmarkierung, aufkleben. Das andere Körperteil dagegenkleben. Zum Schluß das Schwänzchen am Ansatz umknicken und am Hinterteil mittig aufkleben. Die Körperformen bzw. Innenkonturen sowie die Gesichtszüge mit einem dünnlinigen Filzstift aufzeichnen.

Die Bastelvorlagen zur Postkartenbox befinden sich auf Seite 123.

Abpausvorlagen:
A = Schweinekörper
B = Ringelschwänzchen

Bastelvorgabe:
1 = Verbindungsteil

Vor Bastelbeginn bitte auch Seite 6/7 beachten!

Fotorahmen

Den Schwanenkörper mit einem 2B-Bleistift auf ein festes Transparentpapier abpausen. Letzteres legen Sie, mit der beschrifteten Seite nach unten, auf den weißen Tonkarton. Die Konturen zeichnen Sie mit einem HB-Bleistift exakt nach. Auf diese Art und Weise drückt sich der Graphit des 2B-Bleistiftes gut erkennbar ab. Sie übertragen den Schwanenkörper 2mal. Aus einem der beiden Formen schneiden Sie eine runde Fläche heraus; die Kreisvorgabe in der Vorlage beachten! Die Schwanenkörper zur Orientierung zusammenlegen und die Schwimmfüße jeweils entlang der Bruchlinie nach außen hin im rechten Winkel abknicken; Bruchlinie auf der Innenfläche etwas anritzen. Jetzt kleben Sie ein Foto Ihrer Wahl hinter die runde Ausschnittfläche und verbinden den vorderen Schwanenkörper mit dem hinteren Schwanenkörper. Schwimmfüße, Schnabel und Schnabelhöcker aus den betreffenden Tonpapierfarben ausschneiden und dem Schwan anpassen. Nase, Augen und Schnabelöffnung mit Filzstift einzeichnen.

Material

Tonkarton
Weiß

Tonpapier
Rot, Orange, Schwarz

Die Bastelvorlage zum Schwanenrahmen befindet sich auf Seite 122.

Abpausvorlage:
C = Schwanenkörper

Vor Bastelbeginn bitte auch Seite 6 beachten!

Tischboy

Material

Tonpapier
Weiß, Rot, Schwarz, Beige

Papprollen
1 x 22 cm lang (von Küchenpapier)
3 x 9,5 cm lang (von Toilettenpapier)

Zuerst schneiden Sie zwei kleine Papprollen, die Arme, auf 6,5 cm zu. Mit rotem Tonpapier umkleben. Die dritte kleine Papprolle, den Kopf, an einem Ende mehrmals 3 cm tief einschneiden. Dieses Ende 3 cm tief in die große Papprolle einstecken. Letztere um 3 cm kürzen. Jetzt umkleben Sie den Kopf mit beigem Tonpapier. Mit einem roten, 7 cm x 15 cm großen Papierrechteck wickeln Sie den Oberkörper ein. Die Beine mit weißem, 12 cm x 15 cm großen Papierrechteck umkleben. Nun schneiden Sie aus dem schwarzen Tonpapier einen 1 cm x 15 cm langen Streifen zu und kleben ihn über die Trennungskante von Kopf und Oberkörper. Einen 2 cm x 15 cm schmalen Streifen kleben Sie über die Trennungskante von Oberkörper und Hose. Zwei 3 mm x 10,5 cm dünne Streifen sind senkrechte Trennungslinien der Beine. Jetzt pausen Sie alle notwendigen Vorlagen ab, übertragen Sie und kleben sie auf. 2 cm rechts und links der vorderen Beintrennungslinie 3,5 cm tief einschneiden und die Schuhe einstecken. Am Kopfende schneiden Sie mehrmals 2 cm tief ein und drücken die Schnittflächen nach innen. Bei den Haarstreifen Fransen einschneiden und am Kopf aufkleben bzw. ankleben. Die Arme am Körper ankleben; dabei die Kante etwas eindrücken. Die Hände einfach einstecken.

Die Bastelvorlagen zum Tischboy befinden sich auf Seite 124.

Abpausvorlagen:
J = Gesicht
K = Frackschleife
L = Hand
M = Schuh
N = Ohr
O = Haare

Bastelvorgaben:
1 = Arm
2 = Körperaufbau

Vor Bastelbeginn bitte auch die Seite 6 beachten!

Schmetterlinge

Für den Kopf schneiden Sie ein 20 cm x 20 m großes Quadrat aus Kreppapier zu. Dieses Kreppapier legen Sie über die Steckmooskugel und streifen, von der Mitte ausgehend, die Kreppkanten zur Kugelunterseite. Dort raffen Sie das Papier mit Hilfe eines Knopflochgarns zusammen. Den ungleichen Kanten- und Eckrüberstand begradigen Sie mit der Schere. Für den Körper schneiden Sie ein 25 cm x 30 cm großes Kreppapierrechteck zu. Entsprechend Zeichnung 2 umwickeln Sie damit die Papprolle, die Sie in die Mitte des Papiers auflegen. Anschließend schlagen Sie die überstehenden Ober- und Unterkanten in das Rolleninnere ein. Jetzt bringen Sie den Kopf in Position. Etwas Klebstoff an bzw. unterhalb der Raffung anbringen und am Innenrand des Körpers andrücken; warten, bis der Klebstoff trocken ist. Jetzt bekommt unser Schmetterling noch Fühler, Augen, eine Nase sowie einen Mund. Für die Fühler schneiden Sie 2mal 8 cm x 2 cm große Rechtecke aus braunem Kreppapier zu. Sie raffen die schmalen Seiten zusammen und drehen die Länge korkenzieherartig ein; dabei die einzelnen Windungen fest andrücken. Jeweils ein Ende der Fühler oberhalb des Kopfes mittig aufkleben; das andere Ende mehrmals einschneiden. Ein paar schmale Haarstreifen dazukleben.
Die Augen aus Kreppapierkügelchen anfertigen, etwas flachdrücken, dann am Kopf aufkleben. In die Augenmitte jeweils eine Pupille einzeichnen; Nase und Mund ebenfalls dazuzeichnen. Am besten, Sie verwenden einen dünnlinigen Filzstift. Betrachten Sie Zeichnung 3 und 4. Zuerst legen Sie ein 30 cm x 25 cm großes Kreppapierrechteck hälftig zusammen. Die Ecken gleichmäßig abrunden und das Papier wieder auseinanderfalten. An der 25 cm langen Kante beginnen Sie mit dem Einlegen der Flügelfalten; Faltentiefe ca. 1,5 cm. Mit Hilfe eines Knopflochgarns halten Sie die Flügelmitte zusammen. Die äußeren Flügelkanten ziehen Sie wiederum vorsichtig auseinander. Jetzt die Flügel auf der Rückseite des Rollenkörpers ankleben, und fertig ist der Schmetterling.

Material (für einen Schmetterling)

Papprolle
8,5 cm lang (von Toilettenpapier)

Kreppapier
Gelb, Weiß oder Braun

Steckmooskugel
Ø 5–6 cm

Die Bastelvorlagen für die Schmetterlinge befinden sich auf Seite 124.

Bastelvorgaben:
1 = Einwickeln des Kopfes
2 = Einwickeln des Körpers
3 = Flügelzuschnitt
4 = Flügelfalz

Vor Bastelbeginn bitte auch Seite 6 beachten!

Bleistiftschmuck

Material

Streichholzschachtel
pro Figur 1 Schachtel

Tonpapier
1 Bastelblock mit 10 Farben

Die Bastelvorlagen zum Bleistiftschmuck befinden sich auf Seite 125.

Abpausvorlagen:
A = Beine und Kopf der Fliege
B = Flügel der Fliege sowie auch Flügel und Körper des Nachtfalters
C = Beine und Kopf des Marienkäfers
D = Flügel des Marienkäfers
E = Bauch, Beine und Kopf vom Frosch
F = Kopf des Frosches

Bastelvorgaben:
1 = Einsteckposition für den Bleistift
2 = Technik des Locheinschnittes

Vor Bastelbeginn bitte auch Seite 6 beachten!

Den Schuber der Streichholzschachtel herausziehen und einen Kreis mit 8 mm Durchmesser in die Mitte einer schmalen Schuberwand zeichnen. Mit einer Stricknadel in die Mitte der Kreisfläche einstechen. Von diesem Loch aus 8mal zum Kreisrand hin einschneiden. Beim Einstecken unseres Bleistiftes hat dieser nun einen festen Halt, da die Einschnittflächen sich fest an den Bleistiftkörper pressen.
Das Schubfach der Streichholzschachtel umwickeln Sie mit einem 13 cm x 5,4 cm großen Tonpapierrechteck. Die Farbe richtet sich nach der Figur, die angefertigt werden soll. Die gewünschte Vorlage abpausen und die einzelnen Teile auf das entsprechende Tonpapier übertragen. Die Farbzusammenstellung entnehmen Sie dem Foto. Nacheinander werden nun die einzelnen Körperteile der Streichholzschachtel angepaßt.

Beim Nachtfalter zuerst den Körper aufkleben. Die Fühler und die Augen am Kopf plazieren und letzteren ebenfalls aufkleben. Zuerst die Hinterflügel, dann die Vorderflügel darübersetzen. Ein zu Fransen geschnittenes Tonpapierrechteck hat die Funktion einer Halskrause.
Beim Marienkäfer zuerst die Beine unterkleben. Fühler und Augen am Kopf plazieren und mit dem weißen Flügelteil (in der Natur zusammengelegtes Flügelpaar) aufkleben. Darüber wiederum plazieren Sie die roten, mit schwarzen Punkten versehenen Deckflügel.
Bei der Fliege beginnen Sie ebenfalls mit dem Unterkleben der Beine. Den mit Augen und Fühler versehenen Kopf aufkleben. Zuerst den Hinterflügel, dann den Vorderflügel dazukleben.
Beim Frosch zuerst die Beine oben aufkleben, dann den Bauch darüber. Den Kopf mit Augen versehen. In die Mitte der Maulkante eine Zunge kleben. Darüber wiederum den Unterkiefer aufkleben. Den Schuber der Streichholzschachtel etwas herausziehen und den Kopf am schmalen Rand des Schuberbodens aufkleben. Bei jeder Schubbewegung wird der Frosch »lebendig«.

Schönes für Festtage

Adventskutsche

Material

1 Schuhkarton

1 kleine Waschmittelbox

2 Pappkartons

Tonpapier
Blau

Tonkarton
Weiß

Dekoration
Gold (oder Tonkarton: Violett) Spitzenrest

Bastelfarbe
Silber

Sterne
selbstklebend, schimmernd

Zahlen,
selbstklebend, 1–24

Die Bastelvorlagen zur »Adventskutsche« sind auf der Seite 126/127 zu finden:

2 = Fensterbogen
3A + 3B = seitliche Zierverkleidung
5 = kleiner Zierstern
6 = Wagenrad
7 = großer Zierstern

Die Päckchenvorlagen befinden sich auf der Doppelseite 128/129:

1 = kleine, quadratische Schachtelform
2 = große, flache Schachtelform
3 = kleine, flache Schachtelform
4 = große, quadratische Schachtelform
5 = kegelförmige Schachtelform

Mit dem Grundaufbau der Karosserie beginnen; erste Grafik Seite 63. Zuerst einmal schneiden Sie ein 16 x 13,5 cm großes Rechteck aus dem Schuhkartondeckel heraus. Sie setzen den Deckel wieder auf die Schachtel auf, mitteln eine Längsseite aus und schneiden vom Deckelausschnitt bis zur Bodenkante der Schachtel senkrecht ein. Von diesem Einschnitt messen Sie 8 cm nach rechts und 8 cm nach links. An diesen Stellen ziehen Sie jeweils eine Hilfslinie ebenfalls von Ausschnittkante bis hin zur Bodenkante; schneiden hier allerdings nur die Oberseite des Deckels bis zur Kante hin ein. Von der Deckel- und Kartoninnenseite aus ritzen Sie den Schuhkarton auf Höhe der gezogenen Hilfslinien leicht an. Deckel und Schachtel verkleiden Sie separat voneinander mit blauem Tonpapier. Die Einschnitte bringen Sie an den gleichen Stellen an wie zuvor beschrie-

ben. Jetzt können Sie den Deckel auf der Schachtel befestigen. Das Oberteil der Kutsche besteht aus einer Waschmittelbox, von der Sie den Deckel sowie auch überstehenden Innenkarton abschneiden. Das Schnittmuster für die Fensterausschnitte abpausen, ausschneiden und auf beide Kartonseiten übertragen. Die Fensterform ausschneiden. Jetzt können Sie auch diesen Teil der Kutschenkarosserie mit blauem Tonpapier verkleiden. Die seitliche Zierverkleidung der Kutsche schneiden Sie 4mal aus dem weißen Tonkarton aus, kleben die Teile paarweise zusammen und befestigen sie 2 cm über der Bodenkante beidseitig am Schuhkarton. Um die Türen der Kutsche öffnen zu können, schneiden Sie entlang der Zierverkleidung, vom mittleren Einschnitt ausgehend, rechts und links davon, 6 cm tief ein. Jetzt erst vorsichtig den Kutschenschlag öffnen. Eventuell das Tonpapier von der Innenseite her entlang der Knickstelle etwas anritzen. Das Wagenrad übertragen Sie 4mal auf den Zeichenkarton. Die Räder ausschneiden und in einem silbernen Farbton anmalen. Nach dem Trocknen werden sie an der seitlichen Zierverkleidung bruchsicher festgeklebt. Alle Ziersterne ausschneiden, davon die vier kleineren an den Spitzen der Zierverkleidung festkleben, den größeren Stern am Dach einstecken; vorher einen entsprechenden Einschnitt anbringen. Die Schachtelformen abpausen, auf die betreffende Tonkartonfarbe übertragen und ausschneiden. Schachteln entlang den Bruchlinien falzen. Schmale Schachtelflächen auf die angrenzenden Wandflächen kleben. Entsprechend der zweiten Grafik die Vorderseite jeder Schachtel zusätzlich verstärken. Hierzu ein in Höhe und Breite übereinstimmendes Kartonteil mit 1 cm Zugabe an rechter und linker Seitenkante zuschneiden, an entsprechender Stelle anritzen, abknicken und einkleben.

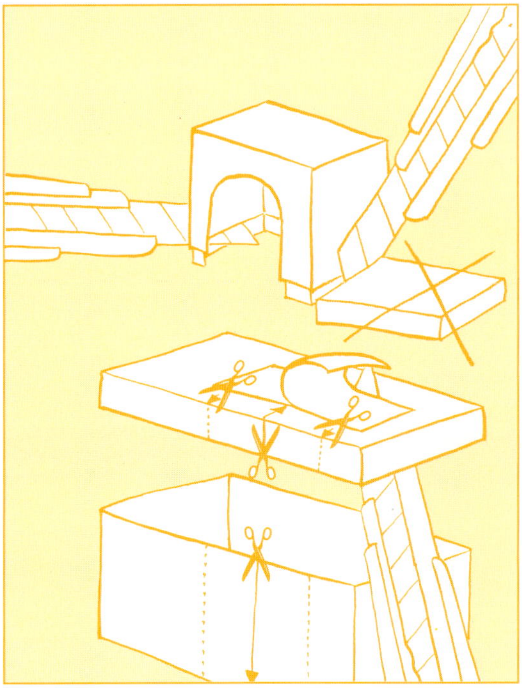

*Die **erste Grafik** links zeigte den Grundaufbau der Karosserie.*

*Die **zweite Grafik** rechts zeigt die Falttechnik einer Schachtelform.*

Nikolaus-Mond

Material

Tonkarton
Blau

Transparentpapier
1 Bastelblock

Faden
Blau

Bastelleim oder Fixogum

Abpausvorlagen:
2A = Mond
2B = Engel
2C = Komet
5 = Stern

Die Bastelvorlagen zum Nikolaus-Mond befinden sich auf Seite 130/131.

Alle Motivvorlagen abpausen; Butterbrotpapier oder besser noch grafisches Transparentpapier verwenden. Mit Hilfe von Durchschlagpapier alle Motive auf den Tonkarton übertragen. Letzteren in der jeweiligen Motivgröße doppelt legen oder ein gleichgroßes Stück Tonkarton unterlegen; außerhalb der Konturen mit einem Tacker zusammenklammern, um ein Verrutschen der Kartonteile zu vermeiden.
Bei Mond, Stern, Komet und Engel zuerst die Innenkonturen entlang-, dann erst die Außenkonturen ausschneiden. Von Vorlage 5 die Innenkontur des Sterns erneut auf doppelt gelegten Tonkarton übertragen. Gewünschtes Muster mit einem Papierlocher oder einer Lochzange einstanzen, dann die Sternform selbst ausschneiden. Alle Tonkartonteile nacheinander auseinanderklappen und jeweils ein Teil davon mit buntem Transparentpapier bekleben; die Farbzusammenstellung innerhalb der einzelnen Motive ist auf dem Foto klar zu erkennen. Das Transparentpapier so auflegen, daß eine freie Fläche von Steg zu Steg nach allen Seiten hin komplett abgedeckt ist. Die durchscheinende Kontur mit Folienstift oder Kugelschreiber so nachzeichnen, daß die Zeichenlinien in der Mitte der Stege verlaufen; anschließend die Form ausschneiden. Bastelleim oder Fixogum sparsam auf die dazugehörenden Stege auftragen und die transparente Papierform aufkleben. Mit allen anderen Flächen ebenso verfahren. Die Tonkartonteile anschließend paarweise kantengleich zusammenkleben, so daß das Transparentpapier dazwischen liegt. Mit Nähnadel und blauem Faden die einzelnen Motivteile freihängend miteinander verbinden; am besten den Mond flach auf den Tisch legen und die anderen Teile, entsprechend dem Foto, dazulegen und mit doppelt gelegtem Faden aneinanderknüpfen. Wer will, kann noch mehr Sterne dazuhängen.

Nikolauslok

Beginnen Sie mit der Lokomotive: Sie nehmen den Deckel des Schuhkartons, messen von einer schmalen Seite 10 cm ab und schneiden ihn in zwei Teile. Jetzt bekleben Sie alle Kartonteile mit gelbem, rotem und grünem Tonpapier. Die Papprolle für den Schornstein erhält die Farbe Blau, die Käseschachteln für die Räder die Farbe Gelb und zusätzlich blaue Sterne. Vom Zeichenblockkarton schneiden Sie 4mal 6 cm breite und 24 cm lange Streifen ab, die Sie der Länge nach mit dem Bleistift halbieren und entlang dieser Linie mit dem Bastelmesser anritzen. Dann knicken Sie diese Streifen winkelförmig ab, malen sie schwarz an und kleben sie mit einem Ende in die Ecken des gelben Daches (größerer Kartondeckel) ein, und das andere Ende befestigen Sie im großen Schuhkarton. Den Schornstein kleben Sie auf den kürzeren Kartondeckel, den Sie locker auf der Lok plazieren. Jetzt kleben Sie noch je zwei Räder seitlich am großen Schuhkarton an und lassen mit Hilfe eines Wattebausches oder etwas Engelshaar Dampf aus dem Schornstein steigen. Jetzt noch die Nikolausvorlage abpausen, den losen Arm B mit Tesafilm an die Strich-Punkt-Strichlinie des Körperteils setzen und den gesamten Körper aus dem roten Tonkarton zuschneiden. Alle anderen Vorlagen übertragen Sie auf Tonpapier, schneiden sie aus und passen sie von beiden Seiten dem Nikolaus an. Den Gürtel und die Stiefel malen Sie mit schwarzem Filzstift oder einer Lackfarbe an.

Mein Tip Wenn Sie einen weißen Schuhkarton verwenden, können Sie diesen auch mit Wachsmalkreiden bemalen.

Material

1 Schuhkarton

Tonkarton in Rot

Tonpapier
Rot, Grün, Gelb, Blau, Weiß und Braun

4 kleine, runde Käseschachteln

1 Papprolle

1 Karton
(Zeichenblockrückwand)

Engelshaar oder Watte

Die Vorlagen zum Nikolaus sind auf der Seite 134 zu finden:

A = Nikolauskörper
B = Arm
C = Kopf
D = Hinteres Haarteil
E = Vorderes Haarteil
F = Schnurrbart
G = Mütze

Nikolausstiefel

Material

Tonkarton
Rot und Gelb

Transparentpapier
Blau, Gelb und Grün

Watte

Nähgarn
Weiß

Zuerst pausen Sie die Vorlagen A, B und C ab und übertragen die seitliche Stiefelform 2mal auf den roten Tonkarton und schneiden die Teile aus. Jetzt zeichnen Sie mit Blick auf die Zeichnung D die Vorderwand, den Boden und die Rückwand des Stiefels auf den roten Tonkarton, schneiden das Rechteck aus und knicken die seitlichen Kanten 1 cm um und die Wände entsprechend der langgestrichelten Linie hoch. Nun legen Sie die Sternvorlage pro Seite 3mal auf die seitlichen Stiefelteile, den Kometen je 1mal auf Vorder- und Rückwand und schneiden alles aus. Die freien Stellen bekleben Sie mit unserem farbigen Transparentpapier und setzen dann die einzelnen Stiefelteile zusammen, d.h. die Seitenteile an die umgeknickten Kanten von Vorderwand, Rückwand und Boden. Einen Wattestrang umwickeln Sie locker mit einem weißen Faden und kleben diesen wulstähnlichen Pelzbesatz an der Oberkante des Stiefels an. Gelbe Sterne und Kometen noch an Ferse sowie am vorderen Stiefelteil verteilen, und fertig ist der Nikolausschuh, den Sie dann am Abend des 5. Dezembers vor die Tür stellen können.

Die Stiefelvorlage und eine Zuschnitthilfe sind auf der Seite 132 zu finden:

A = seitliche Stiefelform
B = Stern
C = Komet
D = vordere und hintere Stiefelwand mit zwischenliegendem Boden

Nikolausaugenspiel

Den Nikolaus komplett abpausen und die einzelnen Teile auf die betreffende Tonkartonfarbe übertragen. Körper und Mütze je 2mal auf Rot, Kopf und Nase je 1mal auf Hellbraun, Hände und Stiefel je 1mal auf Schwarz. Die Pelzbesätze je 2mal, den Bart sowie den Schnurrbart je 1mal aus dem weißen Filz zuschneiden. Als nächstes nehmen Sie den Kopf und entfernen die Augenhöhlen sowie die Mundöffnung (gestrichelte Linien). Die beiden Körperteile kleben Sie zusammen und schieben dabei die Hände, den Kopf und die Stiefel ein. Jetzt schneiden Sie den Schiebestreifen für die Augen 2mal aus weißem Tonkarton in der Größe von 3 cm x 24 cm zu und kleben beide Teile zusammen. Die Augen und die Mundstellung malen Sie wie in der Vorlage C gezeichnet in gleichen Abständen auf. Sie brauchen nun noch das Schuberteil (von Vorlage C das stark umrandete Rechteck), das Sie aus dem roten Tonkarton ausschneiden und knappkantig auf den unteren Rand eines Mützenteils kleben. Das andere Mützenteil kleben Sie von vorne am Kopf an, drehen dann den Nikolaus um, so daß sein Gesicht nach unten auf dem Tisch liegt, legen den weißen Augenstreifen der Länge nach über Kopf und Körper und kleben dann das Mützenteil mit dem Schuber darüber. Beim Aufkleben des letzten Teils nur die Seiten mit Klebstoff einstreichen; hierbei hilft die Zeichnung D, denn die Schraffurfläche zeigt die Klebefläche an. Der Augenstreifen bleibt so zwischen Körper und Schuber beweglich. Zum Schluß noch die Pelzbesätze, den Bart und den Schnurrbart aufkleben und Glittersternchen darüber verteilen.

Mein Tip Die Augen in verschiedenen Farben aufmalen und den Mund in Rot.

Material

Tonkarton
Rot, Schwarz, Hellbraun und Weiß

Filz
Weiß

Glittersterne

Die Vorlagen zum Nikolaus und eine Bastelhilfe sind auf der Seite 133 zu finden:

A = Nikolaus
B = Bart
C = Augenschiebestreifen und Schuber
D = Rückenansicht

Girlanden

Material

Tonpapier
z.B. Gelb

Transparentpapier
z.B. Gelb

Zwirn oder Knopflochseide

Mit dem Abpausen des Sterns beginnen und 2mal auf gelbes Tonpapier übertragen. Die Konturen aus- und den mittleren Stern herausschneiden. Jetzt schneiden Sie den gleichen Stern 40mal aus gelbem Transparentpapier zu und kleben alle Sterne folgendermaßen zusammen: einen Stern auflegen, eine dünne Klebstoffspur entlang der Mitte von der oberen Spitze zur unteren Spitze ziehen, dann den nächsten Stern kantengleich darüberlegen. Diesen Stern nun rechts und links an den zwei äußeren Ecken jeweils mit einem Klebstofftropfen versehen und einen weiteren Stern darüberlegen. Jetzt wieder senkrecht entlang der Mitte den Klebstoff auftragen, einen weiteren Stern kantengleich darüberlegen und bei diesem dann wieder die Ecken rechts und links mit einem Tropfen Klebstoff versehen. Zeichnung F zeigt anhand der gestrichelten Stellen innerhalb der einzelnen Motive die Klebeflächen. In dieser Reihenfolge setzen Sie alle Sterne zusammen und erhalten so Ihre Girlande. Das gleiche geschieht übrigens mit der Engelsform. Hier werden bei der seitlichen Klebung die Flügelspitzen und die rechte sowie linke Wolkenkante mit Klebstoff versehen. Die Tonkartonsterne zum Schluß ganzflächig als Randverstärkung auf den ersten sowie auf den letzten Transparentstern aufkleben. Jetzt noch zwei kleine Kartonsterne ausschneiden, diese mittig lochen, die Sterne an der oberen Spitze ebenfalls lochen und alles auf einen Faden von doppelter Girlandenlänge auffädeln; die beiden kleinen Sterne von beiden Seiten auffädeln. Das Fadenende jeweils hinter dem kleinen Stern kreisförmig aufkleben, Fadenschlaufe dabei stehen lassen, und den Stern Loch über Loch auf den großen Stern kleben; hierbei hilft Zeichnung G.

Die Vorlagen und Bastelhilfen für die weihnachtlichen Girlanden sind auf der Seite 131 zu finden:

D = Sternenmotiv
E = Engelsmotiv
F = Vorgabe der Klebestellen
G = Schnurverbindung

Papierlaterne

Zuerst pausen Sie die Vorlagen A, C, D und E ab und übertragen diese auf ein 54 cm langes, 20 cm breites blaues Tonkartondreieck; die Sonne und den Mond je 1mal, den Stern so oft Sie wollen. Jetzt schneiden Sie alle aufgezeichneten Teile aus und bekleben die freien Stellen gleich mit dem orangefarbigen Transparentpapier. Die herausgeschnittenen Sterne für die Randverzierung bis zum Schluß aufheben. Das Tonpapier jetzt mit der beklebten Seite innen zu einem Kreis zusammenkleben und den Boden aus einem Schuhkarton zuschneiden. Dann 1,5 cm vom Rand entfernt den inneren Kreisrand leicht anritzen. In gleichmäßigen Abständen schneiden Sie nun den Rand ein und knicken letzteren fest in Richtung Bodenmitte. Als nächstes streichen Sie die Bodenkante der Laterne an der Innenseite mit Klebstoff ein und setzen den Boden von oben her ein. Den oberen Laternenrand verstärken Sie noch mit einem 2,5 cm breiten Tonpapierstreifen und bringen dann eine Aufhängevorrichtung aus Draht an. Eine Blechhülle eines Teelichts auf die Bodenmitte kleben und eine Kerze einsetzen.

Mein Tip Immer warten bis der Klebstoff trocken ist.

Material

Tonpapier
Blau

Karton oder Schuhkarton

Transparentpapier
Gelborange

1 leere Blechhülle von einem Teelicht

1 Kerze
ø 3,5 cm

Draht

6 mm Rundholz
ca. 45 cm lang

Die Motivvorlagen zur Papierlaterne sind auf den Seiten 142/143 zu finden:

A = Boden
C = Sonne
D = Mond
E = Stern

Himmlischer...

Material

Tonkarton
Tannengrün, Weinrot, Blau, Flieder, Braun, Weiß

Metallpapier
Gold

Folienschreiber
Silber

Die Bastelvorlagen zu »Himmlischer Tannenwald« sind auf der Doppelseite 135/136 zu finden:

1 = Schaf
2 = Engelskörper
3 = Flügel des Engels
4 = Arme des Engels
5 = vorderes Haarteil des Engels
6 = hinteres Haarteil
7 = Heiligenschein
8–12 = Tannenbäume
13 = Lämmchen

Die Schachteln zu diesen Tannenbäumen sind auf der Doppelseite 128/129 zu finden:

1 = kleine, quadratische Schachtel (für Schafe)
2 = große, flache Schachtel
3 = kleine, flache Schachtel
4 = große, quadratische Schachtel
5 = kegelförmige Schachtel

Dieses weihnachtliche Szenenbild sollte in keinem Kinderzimmer fehlen. Es kann sowohl die Fensterbank wie auch das Bücherregal schmücken. Ob Tannenbaum, Engel oder Schäfchen, alle halten kleine Überraschungen versteckt. Pausen Sie alle betreffenden Vorlagen zu diesem Adventskalender ab und schneiden Sie die einzelnen Formen aus. Diese sogenannten Schablonen legen Sie nacheinander auf den farblich abgestimmten Tonkarton. Beginnen Sie mit dem Aufzeichnen der Tannenbaumformen. Sie sind in der Vorlage nur zur Hälfte abgebildet, d.h.: sie werden nach dem Aufzeichnen entlang der Strich-Punkt-Linie umgeklappt, entlang dieser Linie erneut angelegt und ein zweites Mal aufgezeichnet. Auf diese Art und Weise erhalten Sie eine vollständige Tannenbaumform. Wieviel Tannenbäume angefertigt werden, bleibt jedem selbst überlassen. Fertigen Sie weniger an als in der Vorlage angegeben, dann müssen die fehlenden Motive durch Schäfchen oder Engel ersetzt werden. Hauptsache ist, daß der Adventskalender am 1. Dezember 24 Überraschungspäckchen aufweist. Als nächstes Kalendermotiv fertigen Sie die Schafe und das Lämmchen an. Den Körper, die gesamte Kopf- und Beinkontur sowie die Ohren entsprechend den Angaben in der Vorlage auf weißen Tonkarton übertragen. Alle Teile ausschneiden. Das Gesicht, die Ohren und die untere Hälfte der Beine malen Sie

... Tannenwald

mit einem hellbraun-ockerfarbigen Buntstift aus. Wangen, Augen und Nase mit einer schwarzen Kontur andeuten. Jetzt kleben Sie zuerst den Kopf auf den Körper; die Stellung können Sie selbst bestimmen. Die Beine ziehen Sie sanft über eine Tischkante, so daß sie, wenn Sie sie paarweise aneinanderfügen, eine sogenannte X-Beinstellung aufweisen. Jeweils nur das obere Beindrittel am Schafskörper ankleben. Die Ohren in gewünschte Position kleben. Beim Lämmchen ist keine andere Kopfstellung möglich, da Körper und Kopf bereits in der Vorlage miteinander verbunden sind.

Jetzt pausen Sie Körper- und Armvorlage ab und übertragen die Formen auf die gewünschten Tonkartonfarben. Haarteile, Flügel und Heiligenschein auf das Metallpapier übertragen. Alle Formen ausschneiden und die Verschlußschnitte am Kleid anbringen. Die Haarteile schneiden Sie fransenartig ein. Die Strich-Punkt-Strich-Linie zwischen Kleid und Verschlußklappe leicht anritzen und kurz abknicken. Die Gesichtszüge am Kopf aufzeichnen. Jetzt das Kleid kegelförmig zusammenkleben; hierzu betrachten Sie auch die erste Grafik. Die angeschnittenen Laschen an der Verschlußklappe in die Einschnitte am Kleid einschieben. Flügel, Arme, Haare und Heiligenschein in gleicher Reihenfolge dem Engelskörper anpassen. Für ein festlicheres Erscheinungsbild kleben Sie jeweils an Hals und Kleid kleine Sternchen aus Metallpapier auf. Die Ärmelkanten verzieren Sie ebenfalls mit schmalen Metallpapierstreifen.

Nun fertigen Sie die Päckchen und Schachteln an. Hierzu die betreffenden Vorlagen abpausen und auf den grünen Tonkarton auflegen: 3mal Schachtel 1, 3mal Schachtel 2, 2mal Schachtel 3, 4mal Schachtel 4, Schachtel 1 zusätzlich 6mal und Schachtel 5 als kegelförmiges Päckchen 3mal auf

Die Tannenbüme werden auf die Verschlußfläche der Schachteln geklebt. So kann jedes Überraschungspäckchen leicht geöffnet und wieder verschlossen werden. Die Schachteln auf dem Rücken der Schafe werden so zusammengeklebt, daß sie von der Oberseite aus zu öffnen sind.

*Die **erste Grafik** links zeigt den Körperaufbau eines Engels.*

*Die **zweite Grafik** zeigt zum einen den Falzvorgang einer Schachtel, zum anderen das Zusammenkleben zweier Schachteln zu einem Traglastgepäck.*

beliebigen Tonkarton auflegen. Alle Formen ausschneiden und falzen; dabei die Falzlinien leicht anritzen. Entsprechend der zweiten Grafik von Seite 63 alle Schachteln in Form kleben und die Vorderseite zusätzlich verstärken. Diese Verstärkung besteht aus einem farblich abgestimmten Tonkartonteil, das in Höhe und Breite mit der Vorderseite übereinstimmt plus 1 cm Zugabe an rechter und linker Seite. Diese Zugabe anritzen, im rechten Winkel abknicken und an der Schachtelvorderseite einschieben; nur seitlich festkleben. Beim Verschließen der Schachtel die Verschlußklappe in den entstandenen Zwischenraum an der Vorderseite einstecken. Die kegelförmige Schachtel ebenfalls an den Falzkanten anritzen. Entsprechend der Vorlage einen schmalen Schlitz auf der Verschlußklappe anbringen bzw. einschneiden. Nun können Sie die Schachtel falzen und entlang der hinteren Falzkante zusammenkleben. Einen schmalen Kartonstreifen als Verschlußlasche seitlich einkleben. Die Päckchen für die Schafe entsprechend der zweiten Grafik oben zusammenkleben. Um sie leichter über den Körper stecken zu können, drei schmale Kartonstreifen an der Oberkante dazwischenkleben. Mit einem silberfarbigen Folienstift Zahlen und Strichsternchen auf alle Kalendermotive aufmalen. Zum Schluß kleben Sie die Tannenbäume auf die Verschlußfläche der Schachteln. So könne die Päckchen leicht geöffnet und wieder geschlossen werden. Darauf achten, daß die Unterkante der Bäume auf einer Ebene mit der Unterseite der Schachteln liegt.

Mein Tip Tannenbaum, Engel und Schäfchen können auch separat angefertigt werden und als Mitbringsel bei einer Adventsfeier für große Überraschung sorgen.

Papierengel

Material

Metallpapier
Goldton, Silberton, Violett

1 Papprolle
(von Küchenpapier)

Bastelkarton
Gelb

Watte
Weiß

Kordel
Goldton

Knopflochgarn
Gelb

Von der Papprolle 4 cm für den Kopf abschneiden. Letzteren mit dem silberfarbigen Metallpapier umkleben. Für den Köperaufbau halten Sie sich an die Zeichnungen 2 bis 7. Sie schneiden die Oberkante im Abstand von 1,5 cm ein (Zeichnung 2). Die Schnittflächen drücken sie nach innen. An der Unterkante schneiden Sie an zwei sich gegenüberliegenden Stellen 4,5 cm hoch ein. Ein 10 cm x 4 cm großes Rechteck sowie den runden Körperreif auf dem Bastelkarton ausschneiden, einschneiden und an der Unterkante der langen Rolle einstecken (Zeichnung 4). Jetzt die Arme aus einem 30 cm x 30 cm großen Metallpapier falzen; Falttiefe 1,5 cm. Entsprechend Zeichnung 6 aufkleben und die Oberkante mehrmals keilförmig einschneiden. Die Einschnittflächen kleben Sie auf der oberen Armfläche fest. Das Kleid aus zwei 20 cm breiten Metallpapierstreifen anfertigen; Zeichnung 7. An den Armen festbinden. Einen Zwischenring aus Karton auf die Armmitte kleben und ein violettes 10 cm x 14 cm großes Schultertuch darüberkleben. Ein 3 cm x 45 cm Metallpapierrechteck falzen, an einem Ende zusammenbinden und das andere Ende zur Halskrause auseinanderfächern; aufkleben. Den Kopf darüberkleben und entsprechend dem Foto den Engel fertigstellen.

Die Bastelvorlagen zum Papierengel befinden sich auf Seite 144.

Abpausvorlage:
L = Körperreif

Bastelvorgaben:
1 = Rollenzuschnitt
2–7 = Körperaufbau

Vor Bastelbeginn bitte auch Seite 6 beachten!

Leporellos

Ein Leporello wird immer harmonikaartig zusammengefaltet. Wenn man aus dieser Faltung ein Motiv ausschneidet und die Falzkanten an einigen Stellen stehen läßt, so erhält man eine zusammenhängende Bilderreihe. Wie so ein Leporello aussieht, zeigt das Foto. Alle Vorlagen abpausen und ausschneiden. Für die springende Hasengruppe schneiden Sie einen 12 cm x 48 cm großen, braunen Tonpapierstreifen zu. Diesen falten Sie harmonikaartig zusammen (Zeichnung 9); die Falttiefe beträgt 8 cm. Auf die oberste Faltfläche legen Sie die Hasenschablone auf, so daß die Markierungslinien exakt auf den Falzkanten liegen. Vorderpfote und Hinterpfote ragen über die Kanten hinaus. Den Hasen aufzeichnen und ihn in 6facher Lage ausschneiden. Die Falzkanten an den Pfoten nicht beschädigen! Jetzt noch ein Augenloch einstanzen und fertig ist der erste Leporello. Für den tanzenden Hasen sowie für das Küken benötigen Sie je einen 10 cm x 48 cm großen Tonpapierstreifen. Wie vorher beschrieben, mit 8 cm Falttiefe die Streifen falzen. Die Schablonen aufzeichnen und die Formen ausschneiden. Für das Gras benötigen Sie einen 5 cm x 48 cm langen, grünen Papierstreifen. Ebenfalls mit 8 cm Falttiefe falzen, die Grasschablone aufzeichnen und die Form ausschneiden. Je eine Figurengruppe und eine Grasfläche auseinanderfalten; aufeinanderkleben. Falzkanten beachten!

Material

Tonpapier
Braun, Weiß, Grasgrün, Gelb

Hinweis:
Die Leporellos können auch verlängert werden. Hierzu zwei gleiche Bilderreihen anfertigen und das letzte Motiv der einen Gruppe an das erste Motiv der anderen Gruppe kleben.

Die Bastelvorlagen zu den Leporellos befinden sich auf Seite 137.

Abpausvorlagen:
A = Hase, tanzend
B = Hase, springend
C = Küken
D = Gras

Bastelvorgaben:
9 = Zick-Zackfalz (Leporellofalz)
10 = Auflegen der Schablonen

Vor Bastelbeginn bitte auch Seite 6 beachten!

Hasentreffen ...

Material

Tonkarton
Grasgrün, Lila, Türkis, Weiß

Tonpapier
Grasgrün

Bastelfarbe
Weiß

Die Vorlage zu dieser Bastelszene ist auf den Seiten 138 und 139 zu finden:

A1 = Großblättriges Gras
A2 = Feinblättriges Gras
A4 = Hase, sitzend
A5 = Hasenfräulein
A6 = Hasenjunge
A7 = Ei

Die Bastelhilfe zum Grasbüschel ist auf der Seite 138 zu finden:

A3 = Zusammenbau des Grasbüschels

Zuerst einmal pausen Sie das großblättrige Grasbüschel ab und übertragen die Form auf den grünen Tonkarton; dabei legen Sie es seitenverkehrt entlang der Strich-Kreuz-Strich-Linie erneut auf, so daß Sie eine komplette Grasbüschelform erhalten. Dieses Teil schneiden Sie aus und übertragen es noch 3mal auf den grünen Karton. Das feinblättrige Gras besteht aus vier 28 cm x 7 cm großen Papierflächen, die Sie der Länge nach von einer Seite her im Abstand von 2 mm einschneiden; am anderen Ende 2 cm Rand stehen lassen. Jetzt ritzen Sie den Karton entlang der Strich-Kreuz-Strich-Linie leicht an und knicken die Grasbüschelteile an dieser Stelle im rechten Winkel ab. Danach kleben Sie sie so zusammen, daß die halbe Fläche eines Grasbüschels auf die halbe Fläche eines anderen Grasbüschels trifft. Auch die feinblättrigen Grasbüschel mittig abknikken, dann, wie in Zeichnung A3 dargestellt, in die Eckwinkel der Kartonteile einkleben. Nun brauchen Sie nur noch die »Ausflügler« anzufertigen. Die Körperteile von der Vorlage abpausen und auf die betreffenden Tonkartonfarben übertragen: den sitzenden Hasenkörper und seine Ohren je 1mal auf Türkis; den Körper des Hasenfräuleins und ihre Ohren je 1mal, die Arme und Beine je 2mal auf Weiß; den Körper des Hasenjungen sowie seine Ohren je 1mal, die Arme und Beine je 2mal auf Lila, sein Schwänzchen 1mal auf Weiß. Nachdem Sie alle Teile ausgeschnitten haben, kleben Sie einen Hasen nach dem anderen der Vorlage entsprechend zusammen. Die Gesichter kennzeichnen Sie bei den bunten Hasen durch weiße Bastelfarbe und umranden die einzelnen Partien mit schwarzem Filzstift. Bei Fräulein Hase nur die Konturen einzeichnen. Zum Schluß noch ein paar Eier aus den verschiedenen Kartonfarben ausschneiden und in einem Körbchen verstauen bzw. das eine oder andere Ei im Grasbüschel verstecken.

Mein Tip Diese österliche Grasbüschelszene kann auch als Mobile angefertigt werden. Noch zwei Hasen dazubasteln und alle Mitglieder unterhalb des Grasbüschels befestigen.

... im Grasbüschel

Ostervogel

Material

1 ausgeblasenes Ei

1 Wattekugel
ø 3 cm

Plakafarbe
beliebiger Farbton

Buntes Tonpapier

Bastelkleber

Aufhängefaden

Den Aufbau des Ostervogels sowie die betreffenden Vorlagen finden Sie auf Seite 137.

Je phantasievoller Sie den Ostervogel gestalten, desto schöner kann er sich Ihnen an den Osterfeiertagen präsentieren. Es ist ein Brauch, der in der Pfalz und im Hunsrück verbreitet war. Der Vogel weist auf das Pfingstfest hin, indem er an die Heilig-Geist-Taube erinnert.

Bemalen Sie das ausgeblasene Ei. Bestimmen Sie die Farbkombination, die der Ostervogel erhalten soll. Fertigen Sie nun eine Halsmanschette (Vorlage aus Zeichnung 2A) aus Tonpapier an und kleben Sie diese am stumpfen Ende des Eis auf. Anschließend die Wattekugel in die Öffnung der Manschette einkleben. Aus einem 7 cm x 3 cm großen Papierrechteck einen Schnabel, wie aus Zeichnung 2 B ersichtlich, anfertigen und diesen vom stumpfen Ende her auf die gewünschte Länge kürzen; am Kopf ankleben.

Den gezackten Federschopf und die ovale Federform aus Zeichnung 2A abkopieren und aus Tonpapier ausschneiden. Den Kopf an der Oberseite einritzen und den Schopf mit etwas Klebstoff einstecken. Sechs bis sieben Federnteile rund um den Hals plazieren. Die Schwanzfedern in folgender Anzahl und Länge aus Papier zuschneiden: 2mal 28 cm, 3mal 25 cm, 5mal 12 cm, 9mal 10 cm; ein Flügel besteht aus je einem 4 cm, 5 cm, 6 cm, 10 cm, 13 cm und 15 cm langen Papierstreifen. Schwanz- und Flügelfedern haben eine Breite von maximal 1,5 cm.

Alle Schwanzfedern an einem Ende aufeinanderkleben: Breiten Sie zuerst die langen Streifen fächerartig aus und kleben Sie dann die kürzeren Streifen darüber. Die Flügelstreifen ebenso stufenartig an einem Ende aufeinanderkleben. Drei kleine ovale Schwanzfedern ausfächern und oberhalb des spitzen Ei-Endes aufkleben; warten Sie, bis der Klebstoff angezogen hat. Die Flügel seitlich am Ei ankleben; die langen Schwanzfedern auf dem Ende der kurzen Federn plazieren. Sie brauchen etwas Geduld, da Sie das Ganze einige Zeit in Position halten müssen, bis der Klebstoff angezogen hat. Am Rücken des Ostervogels ein Aufhängeloch einstechen und mit Hilfe eines an einem Faden gebundenen Streichholzes, das durch das Loch gesteckt wird, aufhängen. Zum Schluß noch mit einem schwarzen Filzstift die Augen andeuten.

Hasen Airline

Als erstes verkleiden Sie die Papprolle mit dem grünen Tonpapier; kantengleich abschneiden. Anschließend schneiden Sie, 2 cm von einer Kante entfernt, eine Einstiegluke in der Größe von 3 cm x 3 cm ein. Das Styropor halbieren Sie zuerst und malen dann das stumpfere Ende gelb an. Letzteres stecken Sie mit der Schnittkante voran in die Papprolle hinein und erhalten so unseren Flugzeugrumpf. Jetzt schneiden Sie die Flügel und das Leitwerk entsprechend den Vorlagen C2, C3 und C4, aus dem orangefarbigen Tonkarton zu. Entlang der Strich-Punkt-Strich-Linie ritzen Sie die entsprechenden Teile leicht an und knicken sie im rechten Winkel ab. Die Flügel kleben Sie unterhalb der Einstiegluke beidseitig an. Die seitlichen Leitwerkteile, entsprechend den Markierungslinien, beidseitig an das obere Leitwerk kleben. Am Rumpfende des Flugzeuges schneiden Sie mittig 2 cm ein und stecken das fertige Leitwerk mit der Ecke voran in den Schlitz hinein. Den orangefarbigen Propeller mit einer Stecknadel an der Rumpfspitze aufstecken. Das Flugzeug ausmitteln und einen Aufhängefaden anbringen. Jetzt fertigen Sie den Piloten an. Alle Körperteile abpausen und auf weißen Tonkarton übertragen; dabei die Angaben beachten. Die Formen ausschneiden und zusammenkleben: das Hemd dem Körper anpassen, die Arme darüberkleben, die Beine unterhalb des Hemdes plazieren, die Schnauze nach der Brille aufkleben und schließlich die Ohren strömungsgünstig ankleben. Das Gesicht mit schwarzem Filzstift aufmalen.

Mein Tip Wer will, kann noch ein beschriftetes Schleifenband aus zwei 26 cm langen Drähten und einem 19 cm x 4 cm großen Transparentstreifen anfertigen. Die länglichen Kanten um die Drähte kleben, die Enden am hinteren Rumpfteil einhaken. Einen kleinen Stein zum Gleichgewichtsausgleich im Rumpfteil unterbringen.

Material

1 Papprolle
10 cm lang

1 Styroporei
6 cm lang

Tonkarton
Orange, Weiß

Tonpapier
Grün, Blau

Bastelfarbe
Gelb

Die Vorlage zu dieser Bastelarbeit ist auf der Seite 140/141 zu finden:

C2 = Flugzeugflügel
C3 = Leitwerk, seitlich hinten
C4 = Leitwerk, oben hinten
C5 = Propeller
C6 = Hase

Die Bastelhilfe ist ebenfalls auf der Seite 140 zu finden:
C1 = Rumpfanfertigung des Flugzeuges

Stallnest …

Material

1 Verpackungskarton (mit überlappenden Verschlußdeckeln)

Heu

Die Schritt-für-Schritt-Bastelhilfe ist auf der Seite 140 zu finden:

A1 = Zuschneiden des Kartons
A2 = Dachverschluß
A3 = Zuschnitt der Giebelseiten
A4 = Anbringung der Giebelseiten
A5 = Rückansicht des Stalls

Suchen Sie sich in einem Supermarkt einen schönen, möglichst quadratischen Verpackungskarton. Wichtig dabei ist, daß die Verschlußkanten oberhalb des Kartons mindestens 6 cm überlappen; ansonsten müssen je Kante 6 cm angestückelt werden, um die entsprechende Dachschräge zu erhalten. Haben Sie einen entsprechenden Karton gefunden, so sehen Sie sich auf Seite 140 die Zeichnung A1 an. Sie zeigt, wie Sie den Karton zuschneiden müssen. Zuerst zwei sich gegenüberliegende Kartondeckel abtrennen. Die Kartonwand einer dieser Schnittkanten ausmitteln und senkrecht nach unten aufschneiden; am Boden beidseitig waagrecht zu den Ecken schneiden. So erhalten Sie die Stalltüren. Das Mittelteil dieser Türen trennen Sie heraus und lassen dabei einen 1,5–2 cm breiten Rahmen stehen. Daran anschließend bestimmen Sie die Anzahl der Fenster sowie deren Größe und schneiden diese von den Seitenwänden des Kartons heraus. Das Dach wird nun in Position gelegt und die Kanten werden mit einem gut haltbaren Klebstreifen gegeneinander befestigt.
Einen der abgeschnittenen Verschlußdeckel legen Sie nun so an der vorderen Giebelseite an, daß eine Längskante mit der Oberkante der Stalltüren abschließt. So können Sie exakt die Dachschräge übertragen und erhalten einen winkelgerechten Giebel entsprechend Zeichnung A3. Den zweiten abgetrennten Verschlußdeckel ebenso zuschneiden und beide Giebelteile, wie in Zeichnung A4 dargestellt, mit Klebstreifen befestigen.
Jetzt noch an den Stalltüren und Fenstern Leisten anbringen, die Sie aus den übriggebliebenen Kartonresten zuschneiden.
Zum Schluß das Dach mit Heu abdecken; dabei nicht mit Bastelleim sparen, und fertig ist das Stallnest. Wer will, kann die Wände noch mit Lackfarbe anstreichen oder einfach nur ein paar Blumen unterhalb der Fenster befestigen.

Mein Tip Dieses Nest wird dem Osterhasen besonders gut gefallen. Er wird sich sofort heimisch fühlen. Auf den mit Heu bedeckten Boden legt er sicher viele bunte Eier.
Und wenn die Festtage vorbei sind, können Kühe, Schweine, Gänse und Hühner ihren neuen Unterstand beziehen.

... auf dem Lande

Glücksboten

Material

Tonkarton
Schwarz, Pink oder Rosa, Blau, Hellbraun

Tonpapier
Grün, Schwarz, Rot

1 Papprolle
(von Küchenpapier)

Hinweis:
»Viel Glück« kann man das ganze Jahr wünschen. Ob zum Geburtstag, zur Hochzeit oder zur Führerscheinprüfung. Auch für den Einstieg ins Berufsleben sind Glückwünsche willkommen. Es ist doch so leicht, Freunde und Bekannte mit einem kleinen Glücksboten zu überraschen.

Die Bastelvorlagen zu den Glücksboten befinden sich auf Seite 100/101.

Abpausvorlagen:
B = Schornsteinfeger
C = Haare vom Schornsteinfeger
D = Schwein
E = Herz
F = Kleeblatt
G = Schleife

Vor Bastelbeginn bitte auch Seite 6/7 beachten!

Die zutreffenden Vorlagen von Seite 100/101 abpausen und ausschneiden. Die Transparentschablonen des Schornsteinfegers, den Körper und den Zylinder legen Sie auf den schwarzen Tonkarton und zeichnen die Konturen mit einem weißen Farbstift auf. Alle Teile danach ausschneiden. Jetzt kleben Sie den Kopf entsprechend der Vorlage auf die Körpervorderseite. Für die Haare schneiden Sie noch zwei kleine Rechtecke aus dem schwarzen Tonpapier zu. Diese wiederum von einer Längsseite aus fransig einschneiden und dem Schornsteinfeger beidseitig am Kopf ankleben. Gleich darüber die Zylinderteile kleben. Nun nehmen Sie einen weißen Farbstift und deuten Jacke, Hose und Socken an; Foto und Vorlage zeigen die Linienführung. Augen, Nase und Mund malen Sie mit einem dünnlinigen Filzstift auf. Die Wangen deuten Sie wiederum mit einem roten Farbstift an. Und da fleißige Schornsteinfeger auch schmutzig werden, malen Sie ihm noch mit einem schwarzen Farbstift Rußflecken ins Gesicht; Flecken nur leicht aufschraffieren. Zum Schluß erhält er noch eine kleine Leiter, die Sie aus zwei 12 cm x 6 mm und acht 2,5 cm x 4 mm schmalen Tonkartonstreifen zusammenkleben.

Die Schweinchenschablone auf die betreffende Tonkartonfarbe legen und die Außenkontur aufzeichnen. Wenn Sie die Schweinchen als Serviettenhalter einsetzen wollen, dann zeichnen Sie in der Körpermitte einen Kreis auf. Letzteren zuerst herausschneiden, dann die Form ausschneiden. Die Körperlinien, entsprechend dem Foto und der Vorlage mit dem schwarzen Filzstift, einzeichnen.

Die beiden Fotos zeigen, was man alles mit diesen lustigen Gesellen anstellen kann. Das große Foto zeigt sie als Tischkarten beim Festtagsmenü, auf dem kleinen Foto sind sie für die Serviettenlage zuständig.

Wenn Sie den Schornsteinfeger als Serviettenhalter basteln wollen, dann setzen Sie ihn einfach auf eine Papierrolle aus Tonkarton. Hierzu ein 8 cm x 15 cm großes Kartonrechteck um eine Küchenrolle wickeln und die Endkanten übereinanderkleben. Tonkartonrolle von der Papprolle abstreifen, den Schornsteinfeger in Sitzposition knicken und auf die Rolle setzen; am Hinterteil festkleben.

Heiko
Julia

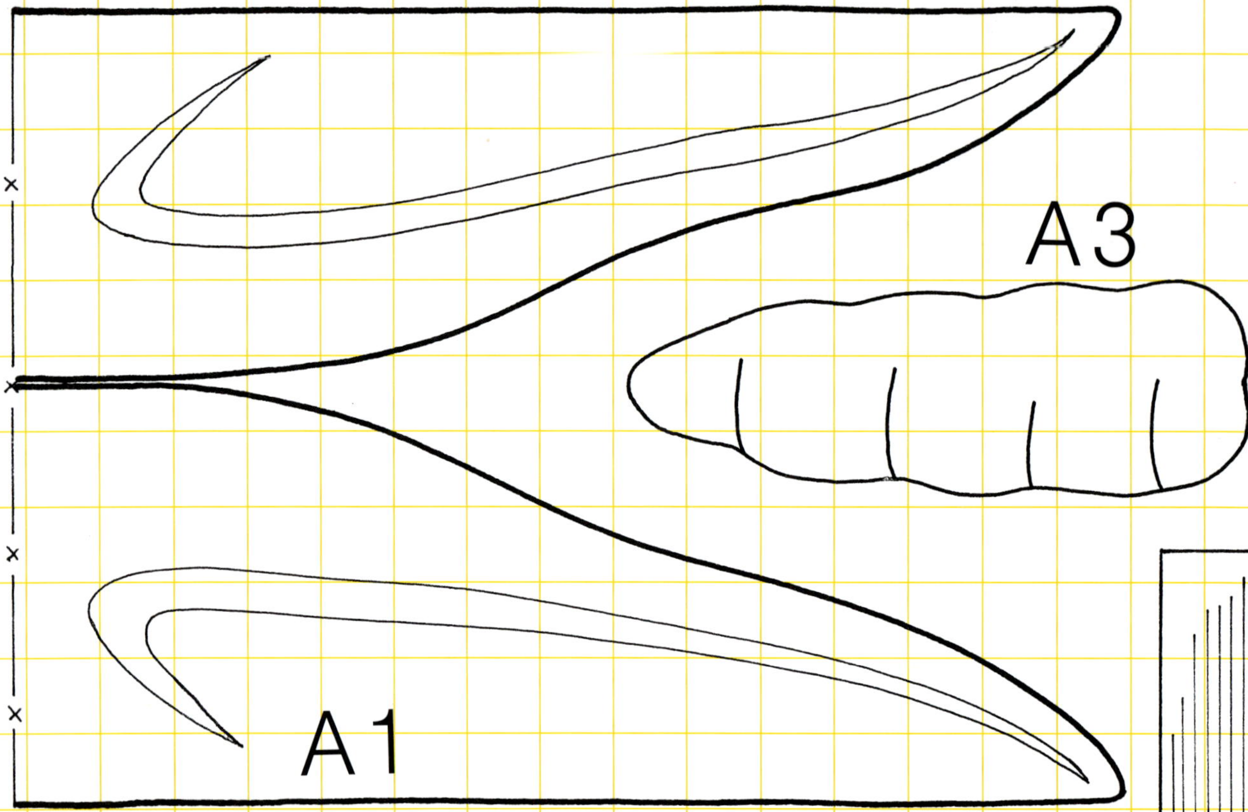

A1

A3

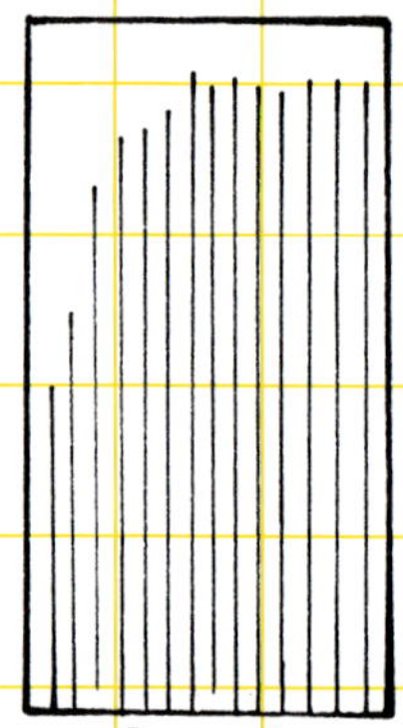

A4

Klappkarten
Seite 9/10

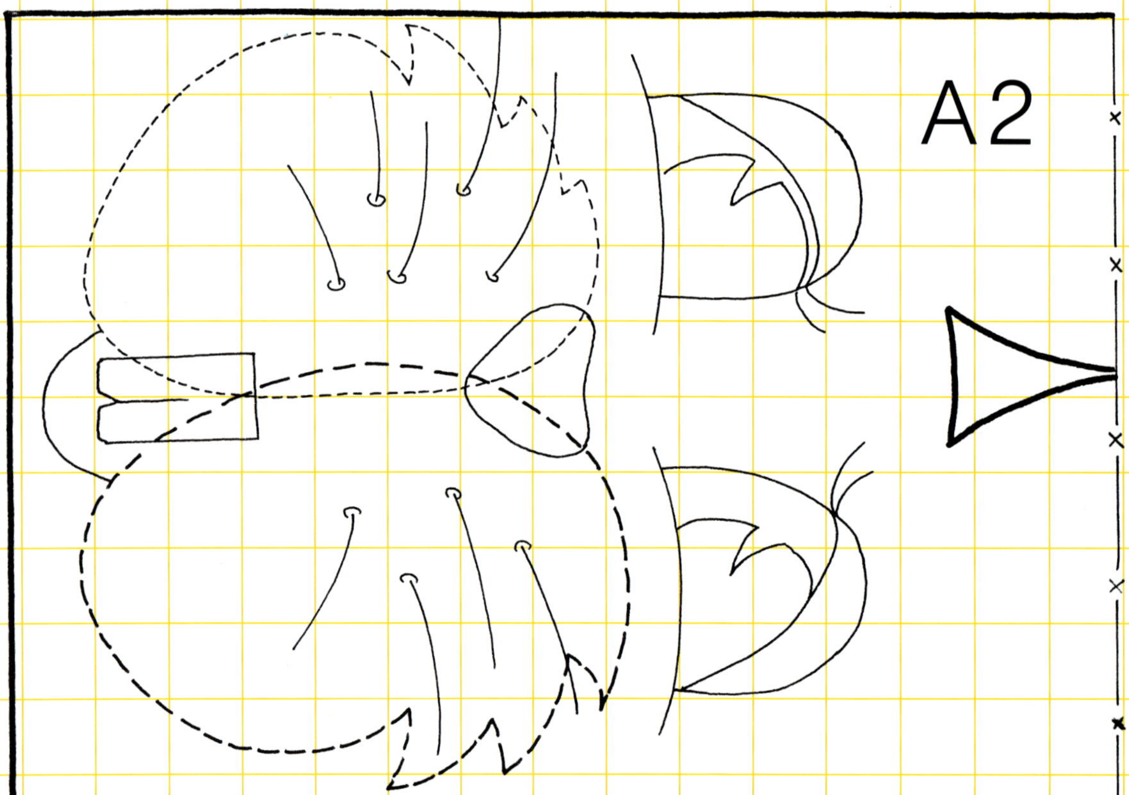

A2

Scherenschnitt
Seite 12

Collage aus
Zeitungs-
ausschnitten
Seite 14/15

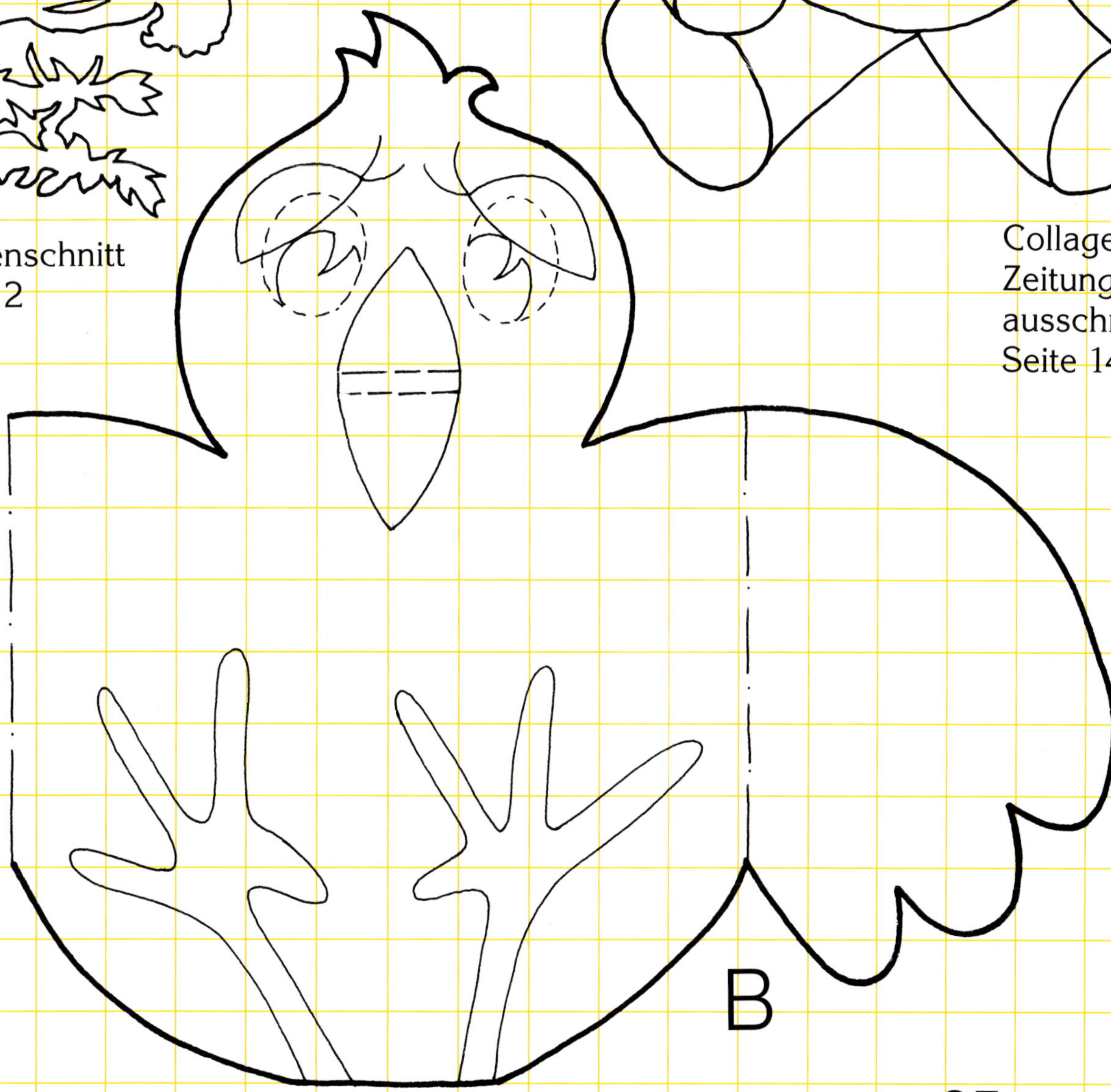

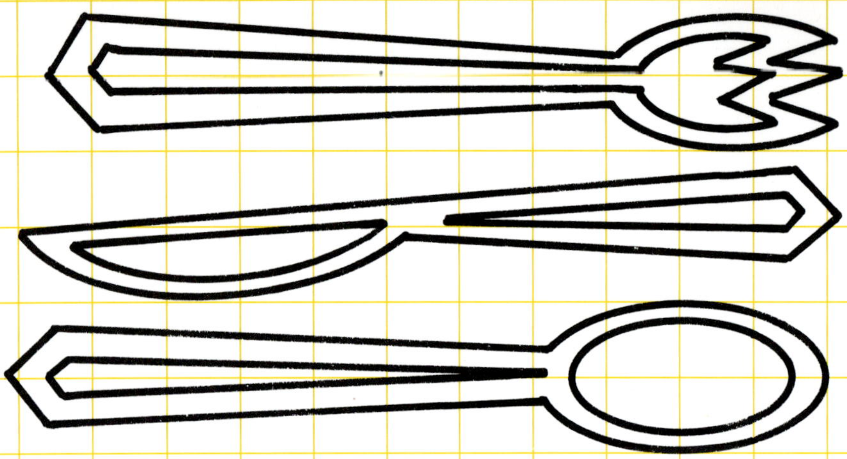

Scherenschnitt
Seite13

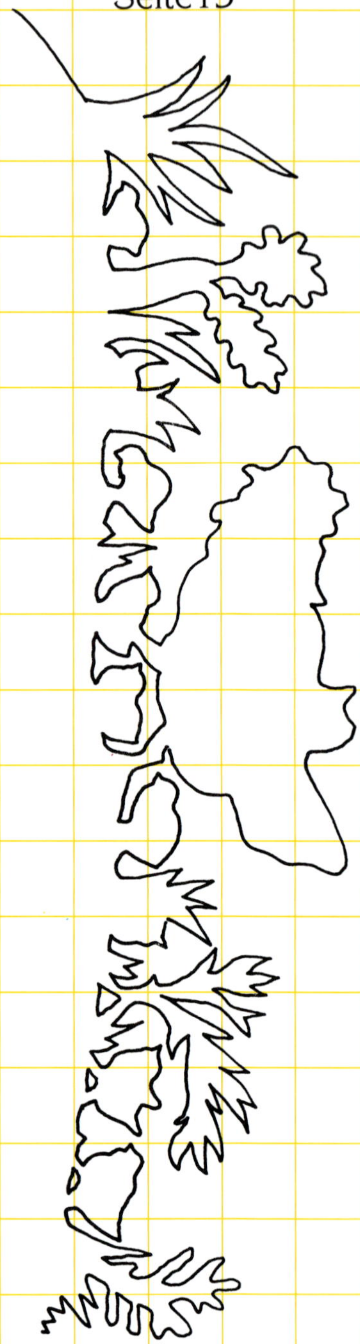

Collage aus
Zeitungs-
ausschnitten
Seite14/15

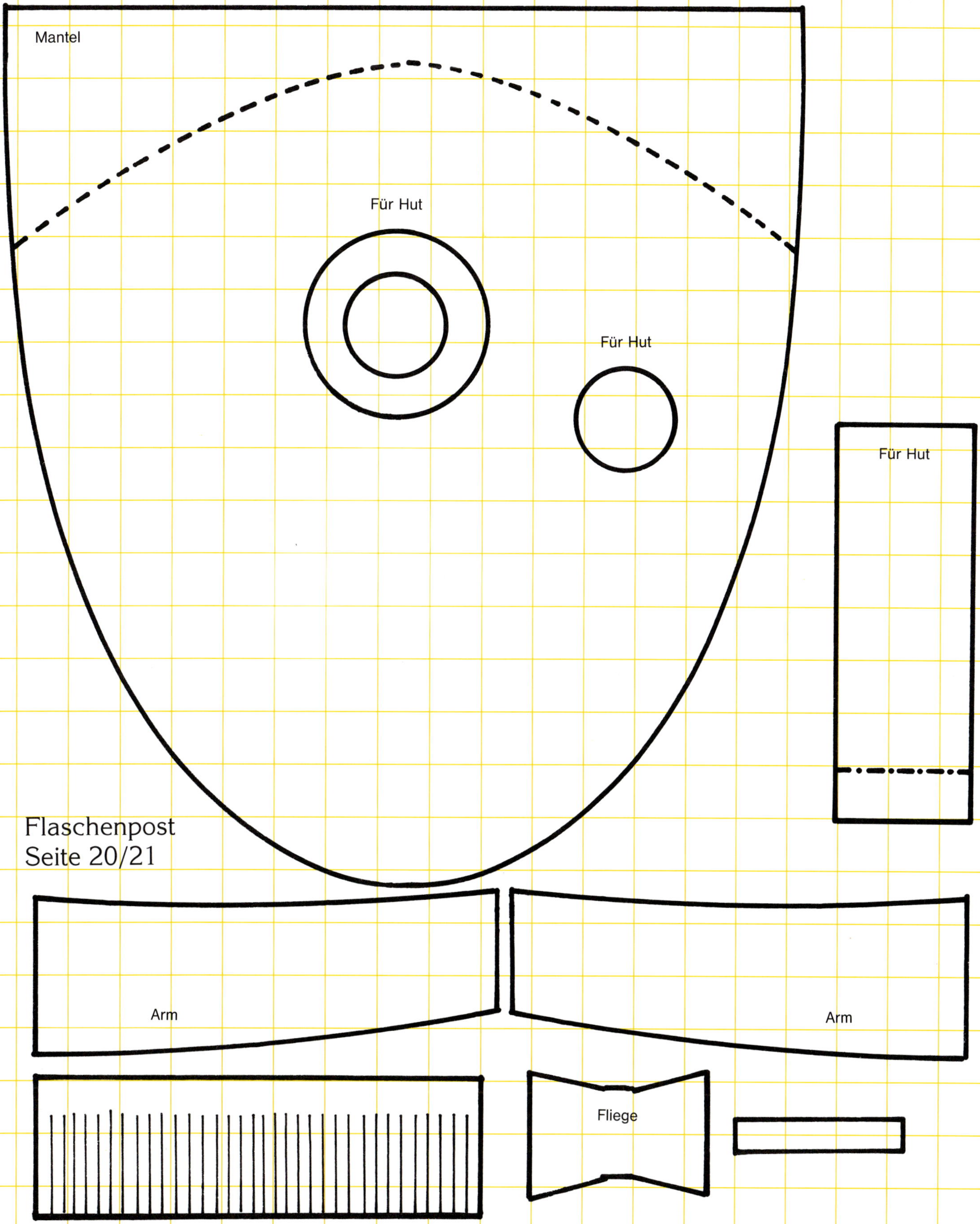

Flaschenpost
Seite 20/21

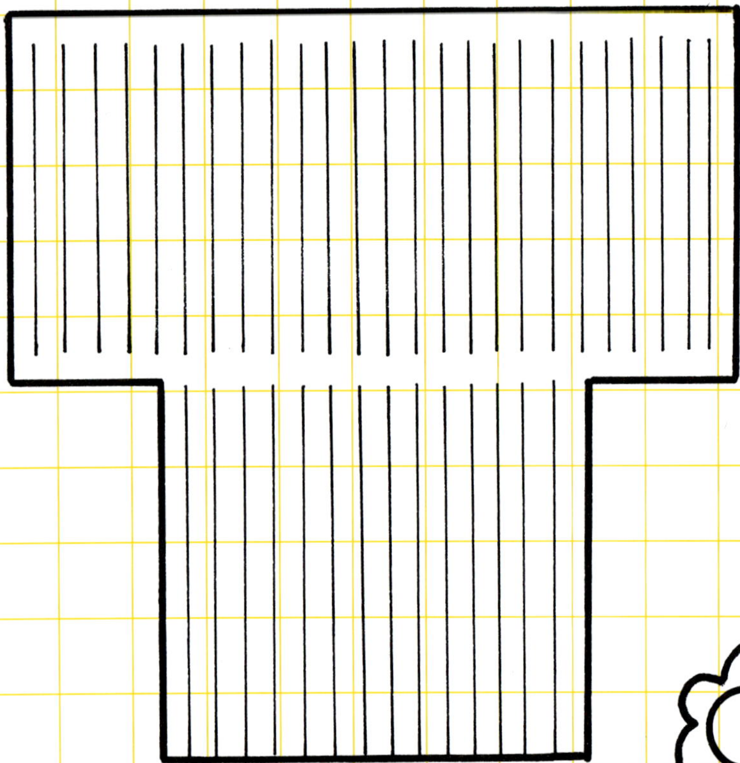

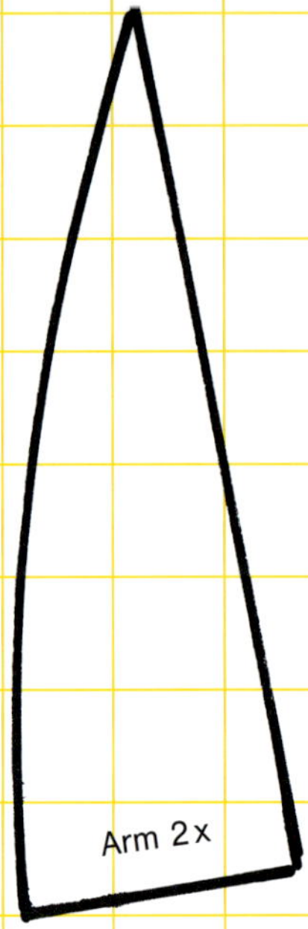

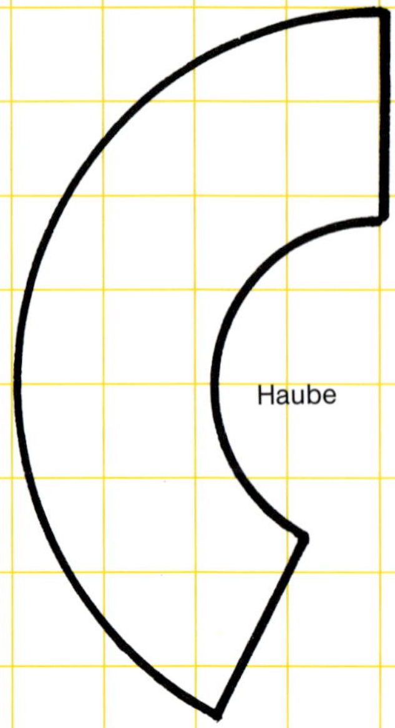

Flaschenpost
Seite 20/21

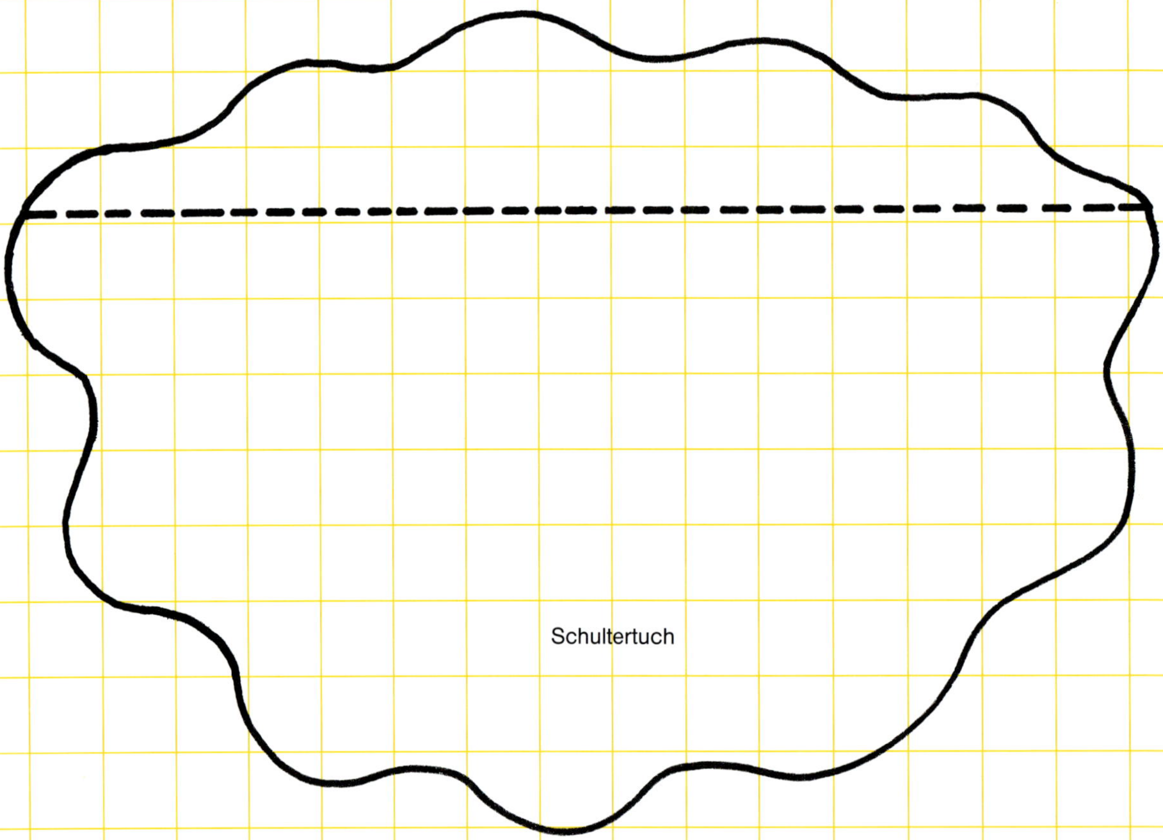

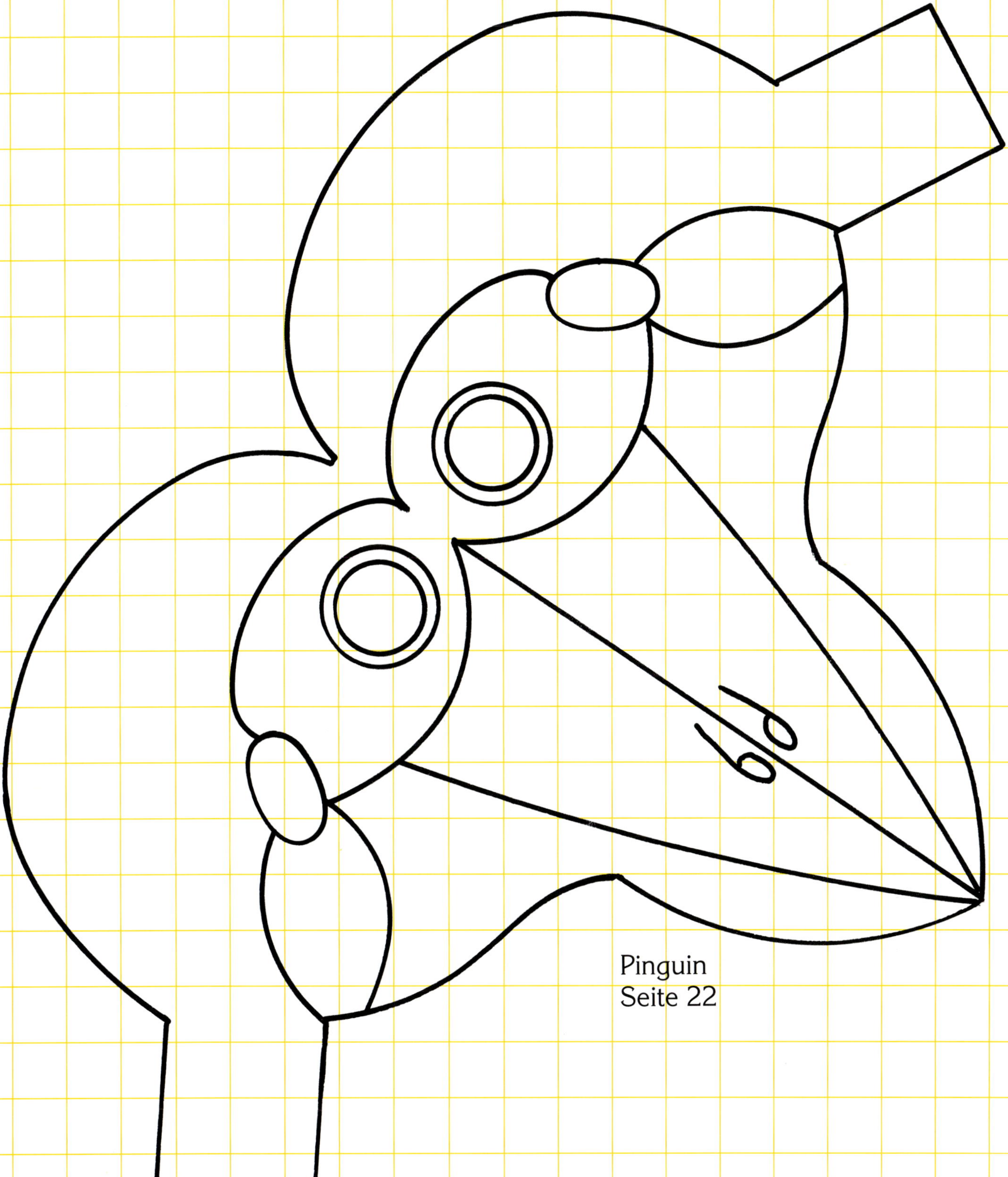

Pinguin
Seite 22

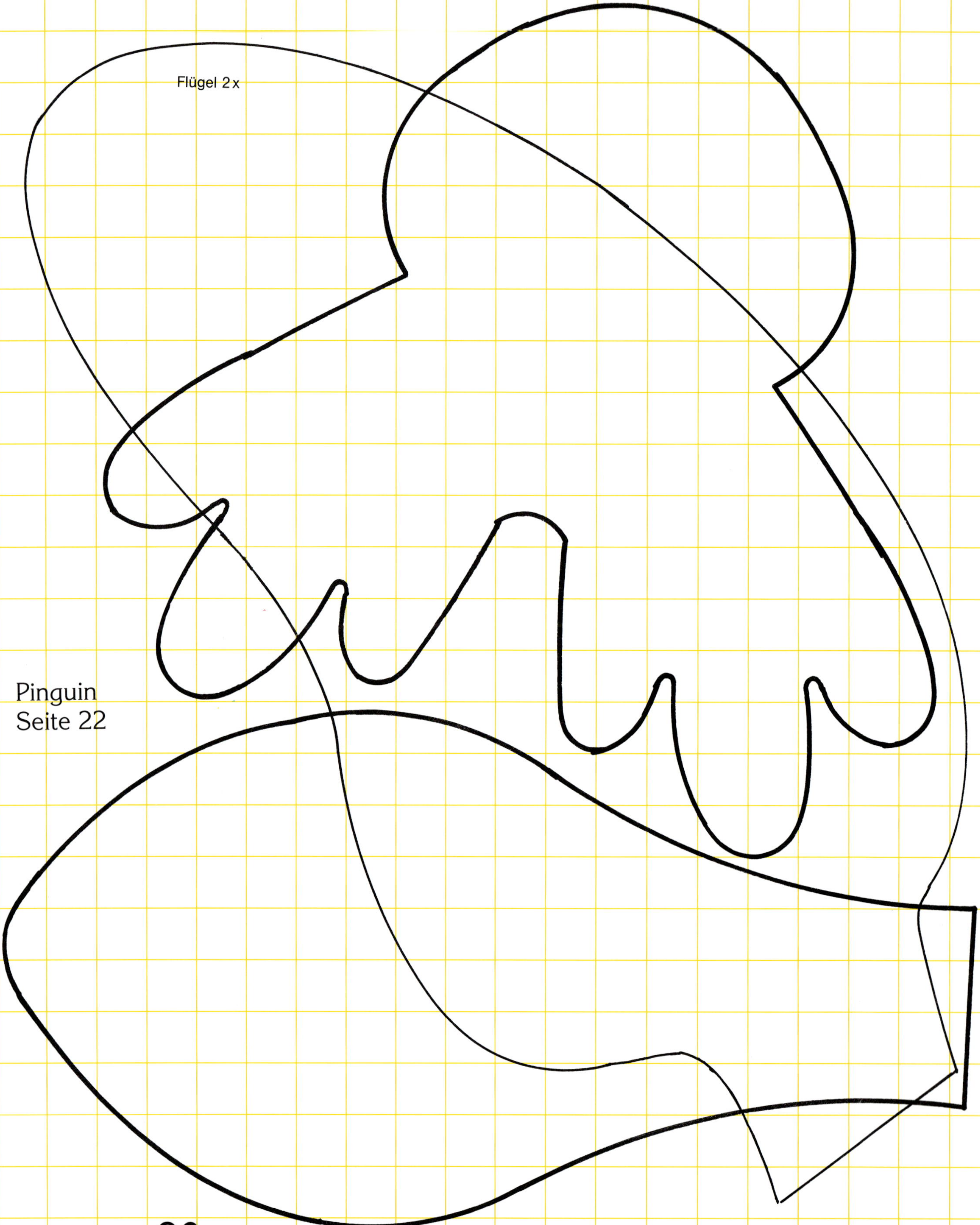

Flügel 2 x
Pinguin
Seite 22

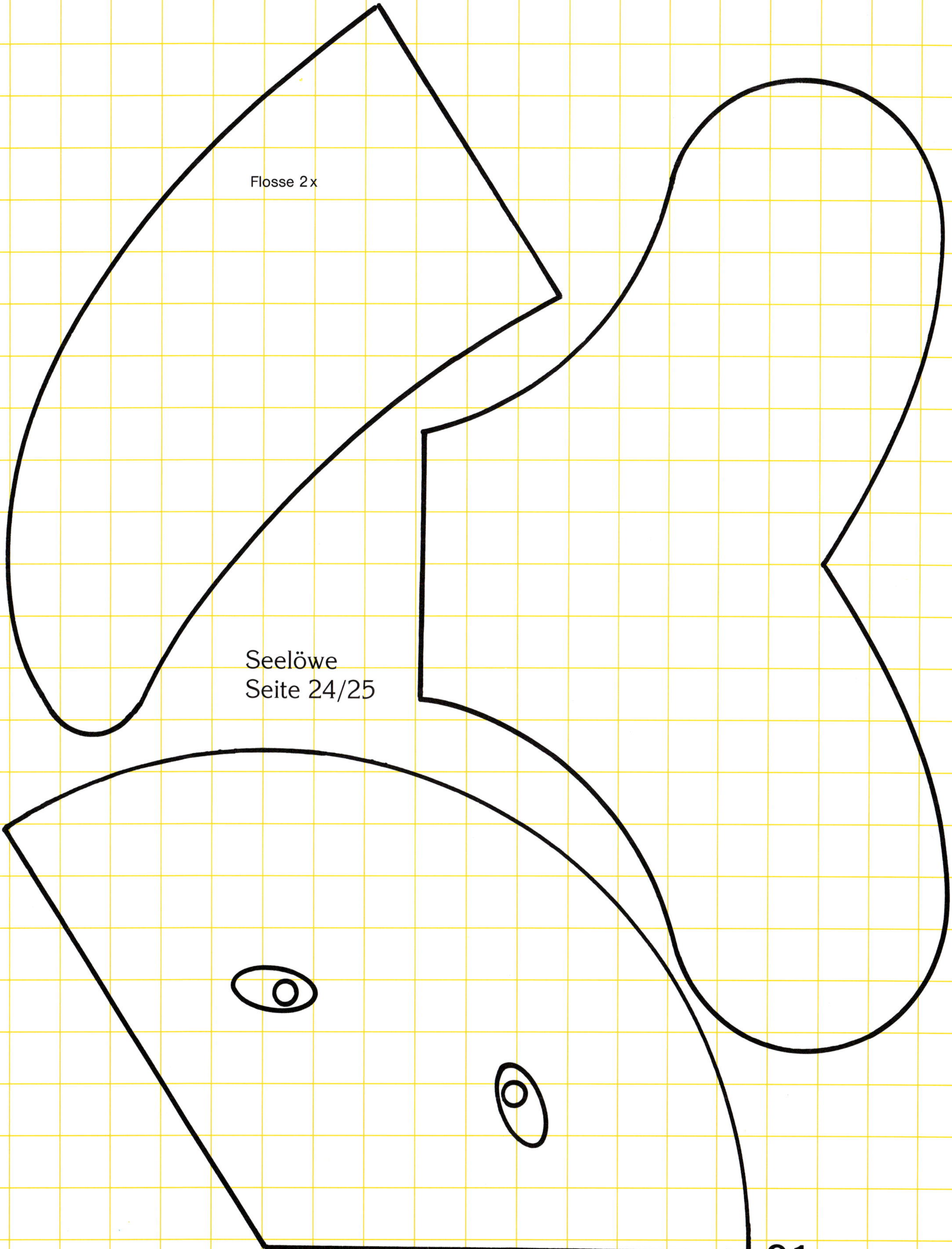
Flosse 2x
Seelöwe
Seite 24/25

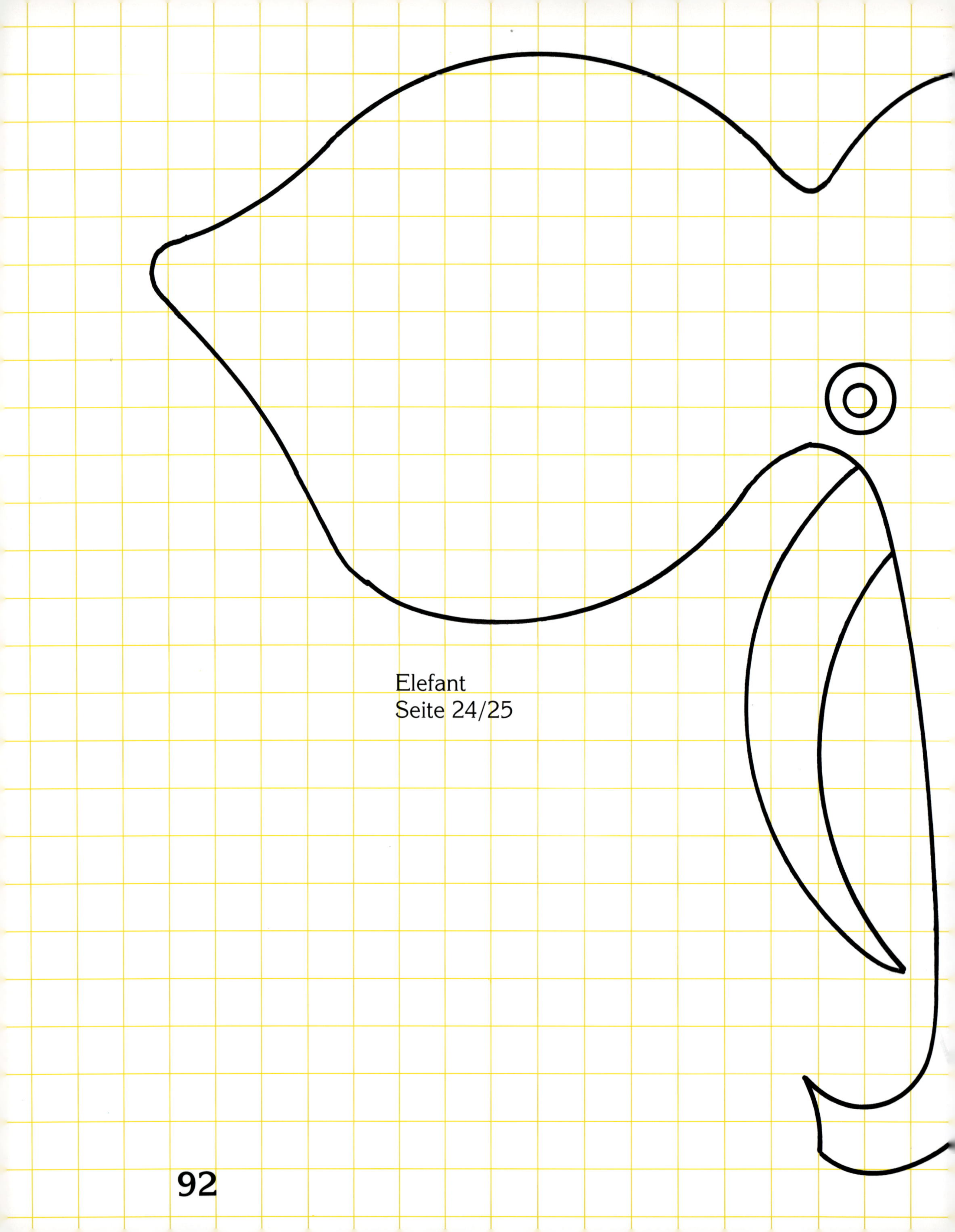

Elefant
Seite 24/25

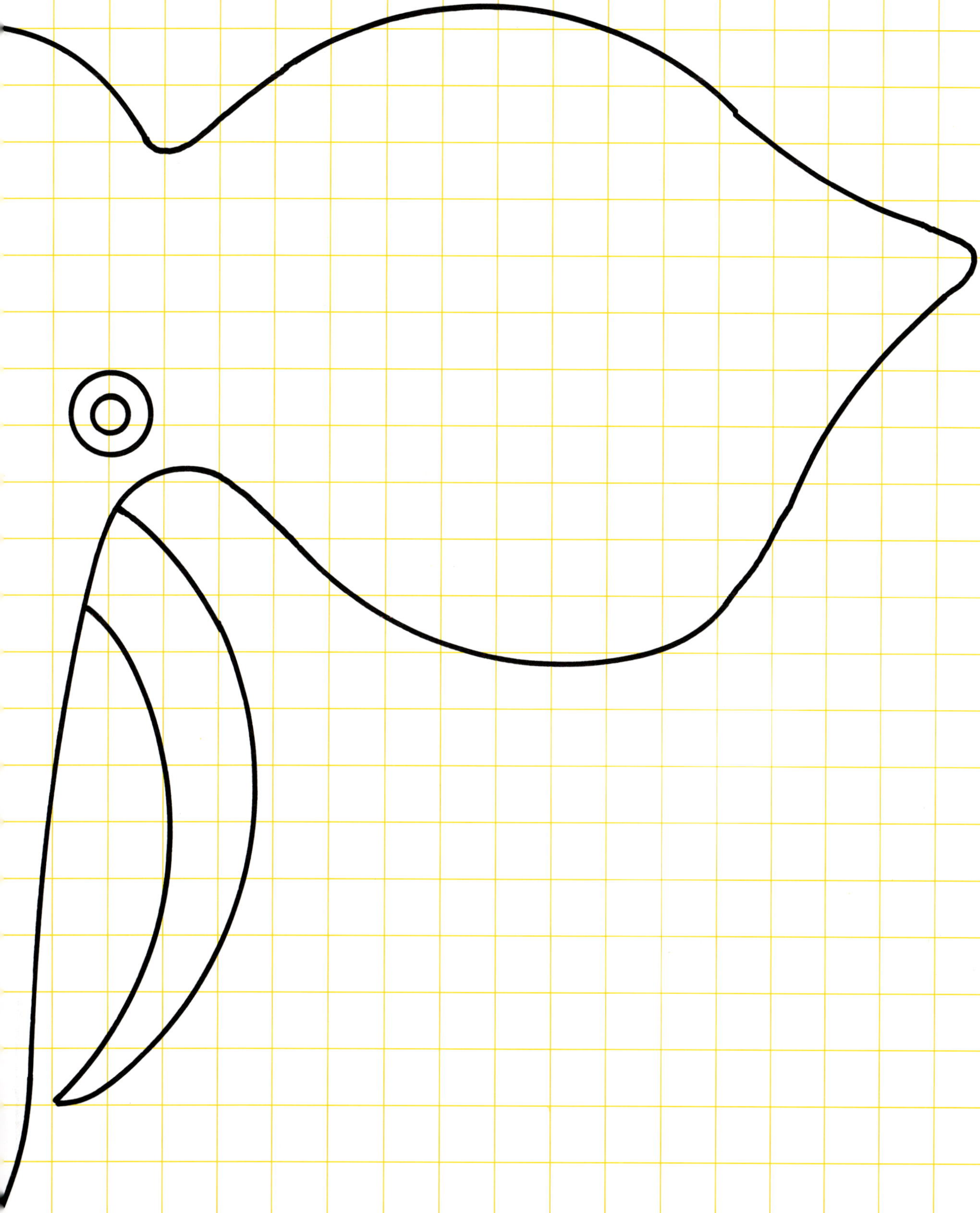

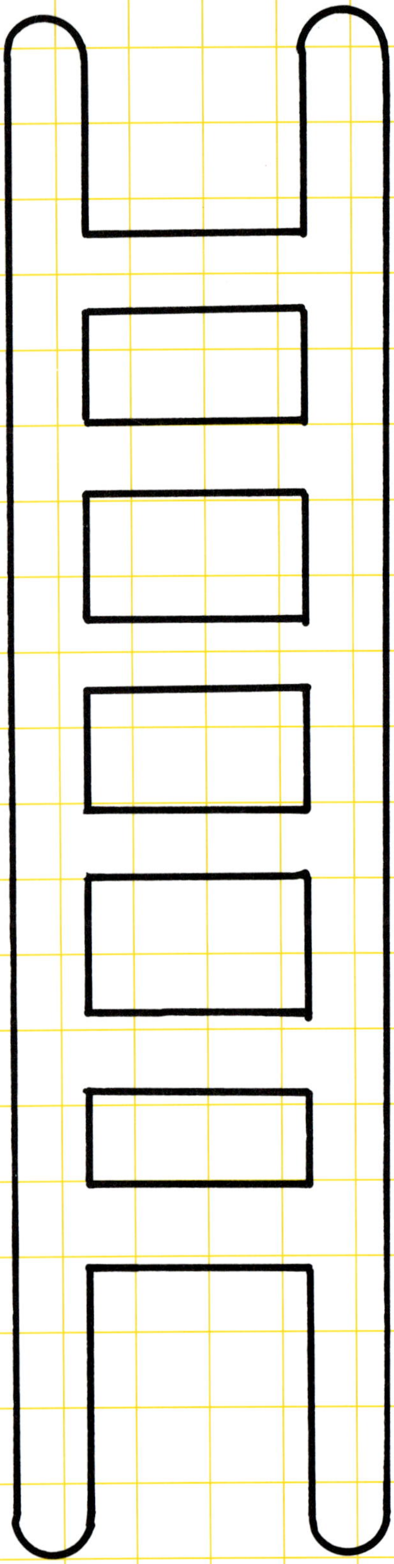

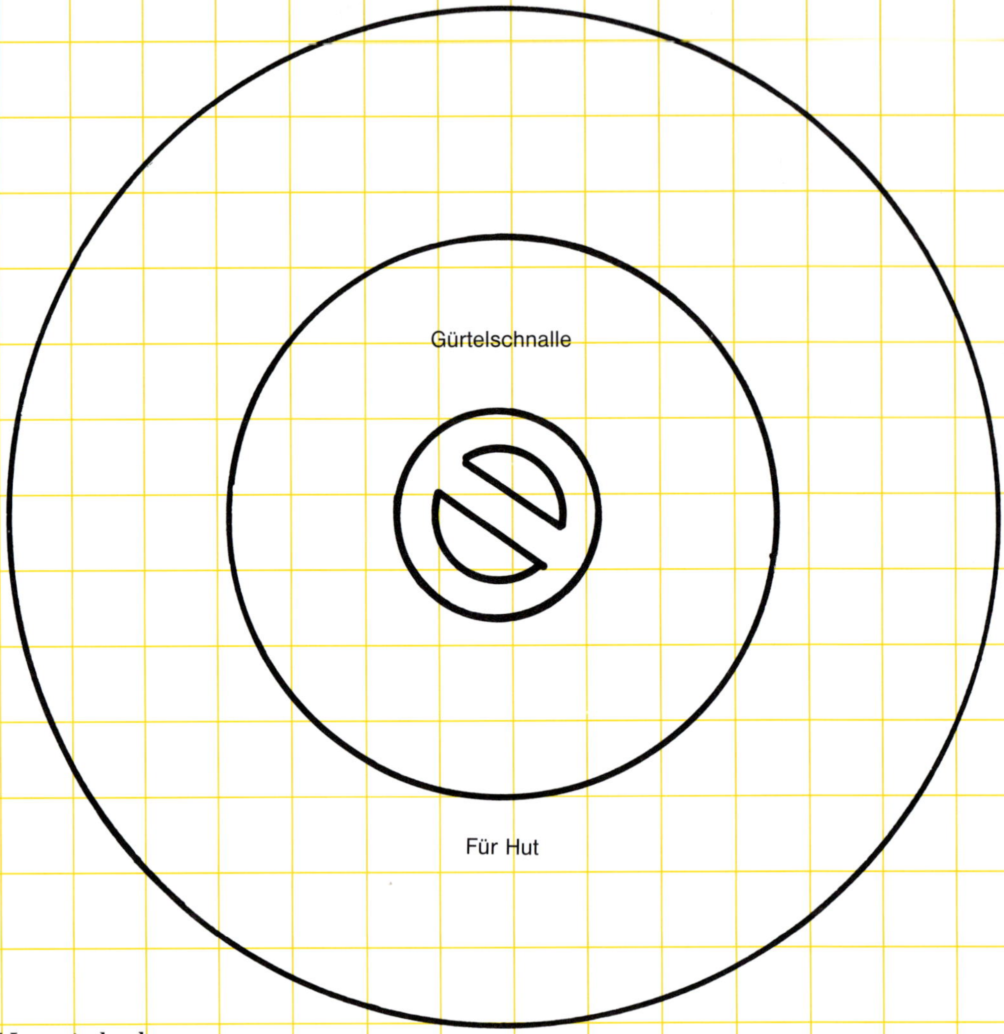

Kaminkehrer
Seite 26

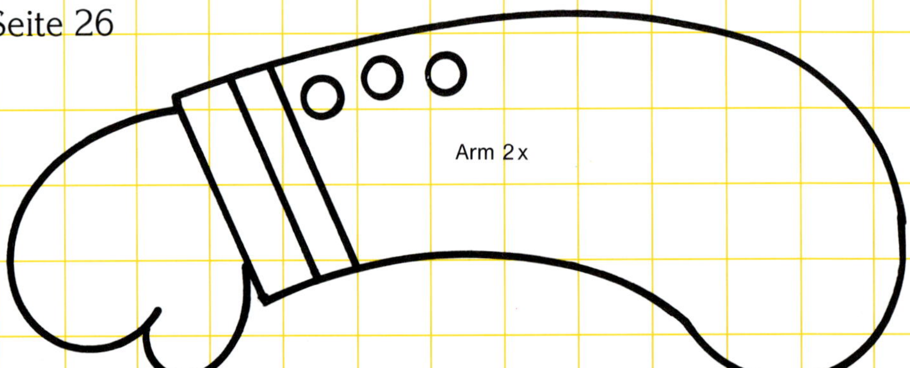

Schmunzeldrache
Seite 27/28

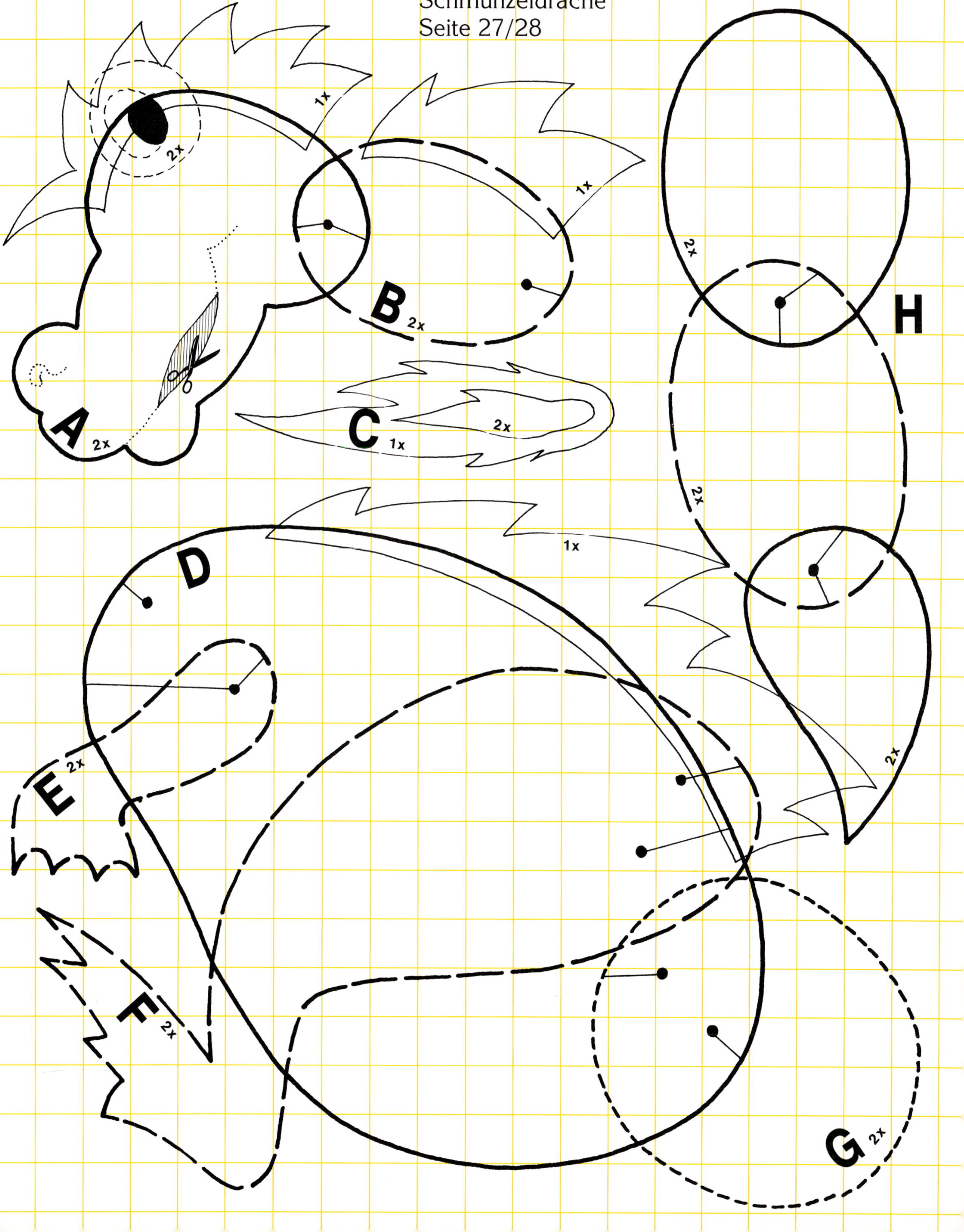

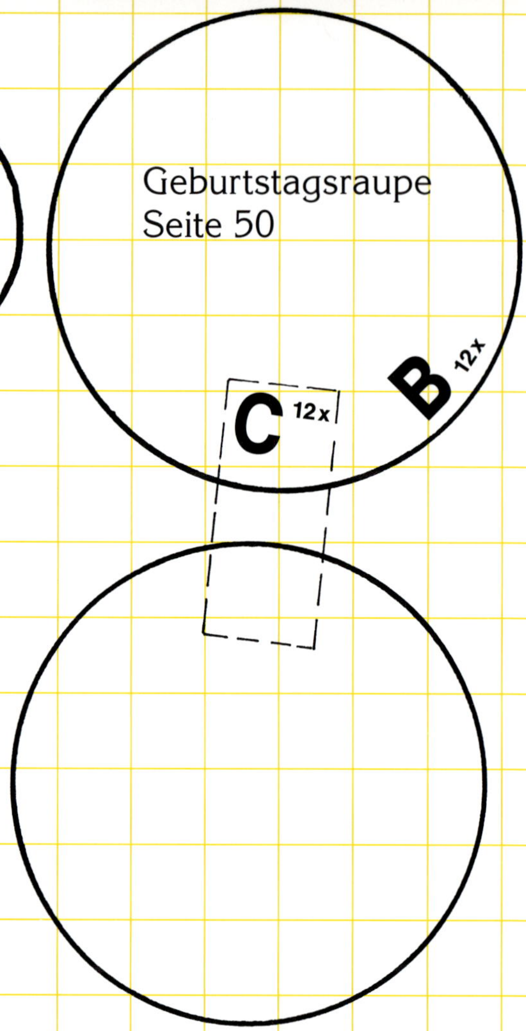

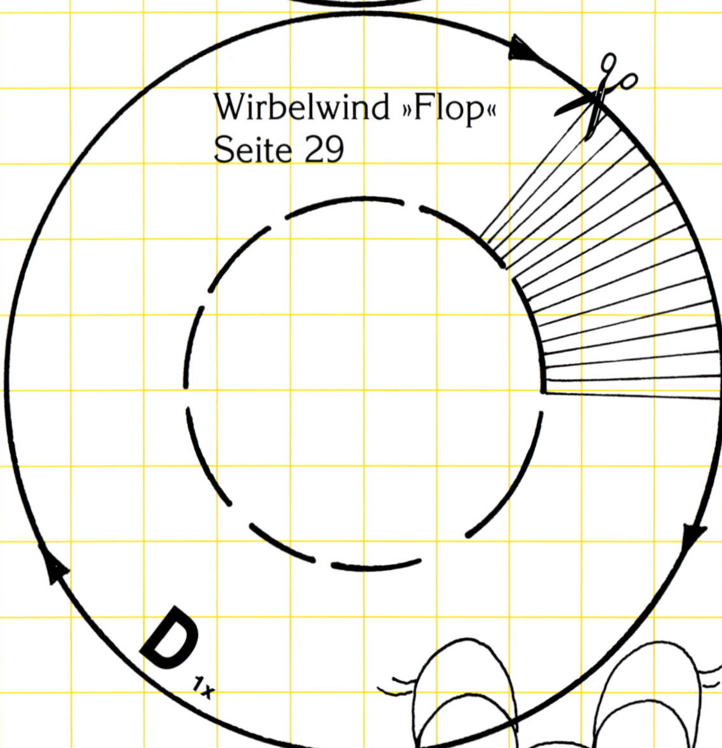

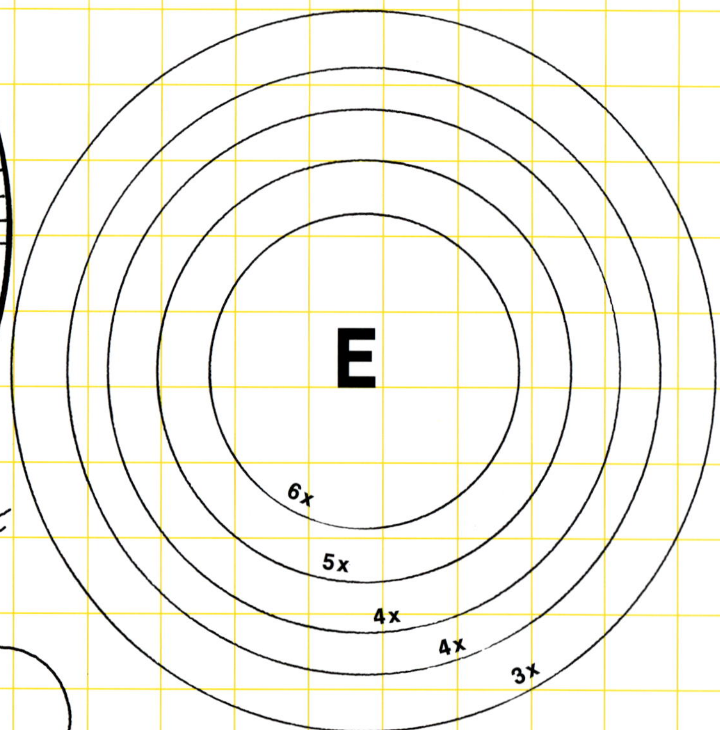

Wirbelwind »Flop«
Seite 29

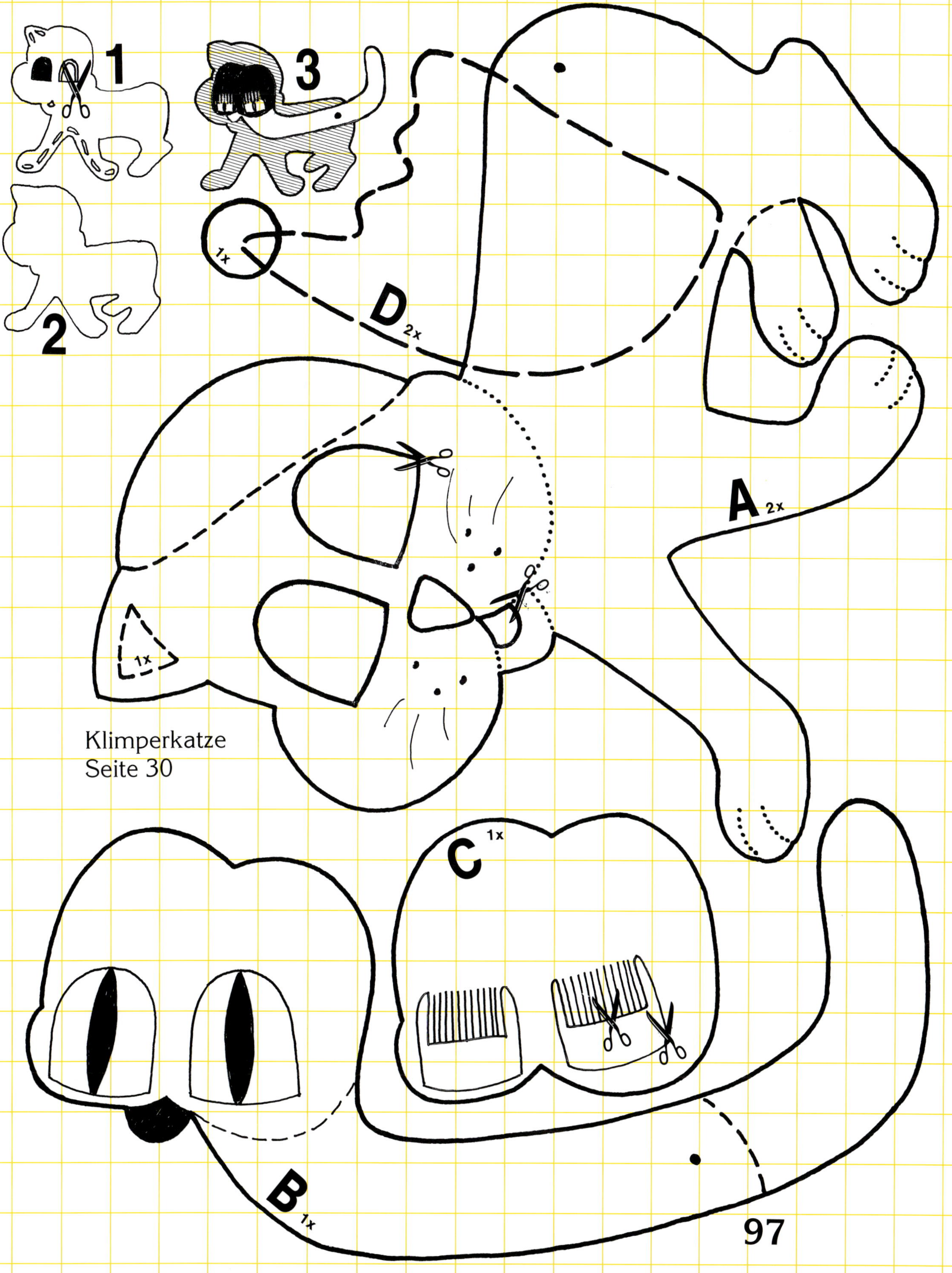

Klimperkatze
Seite 30

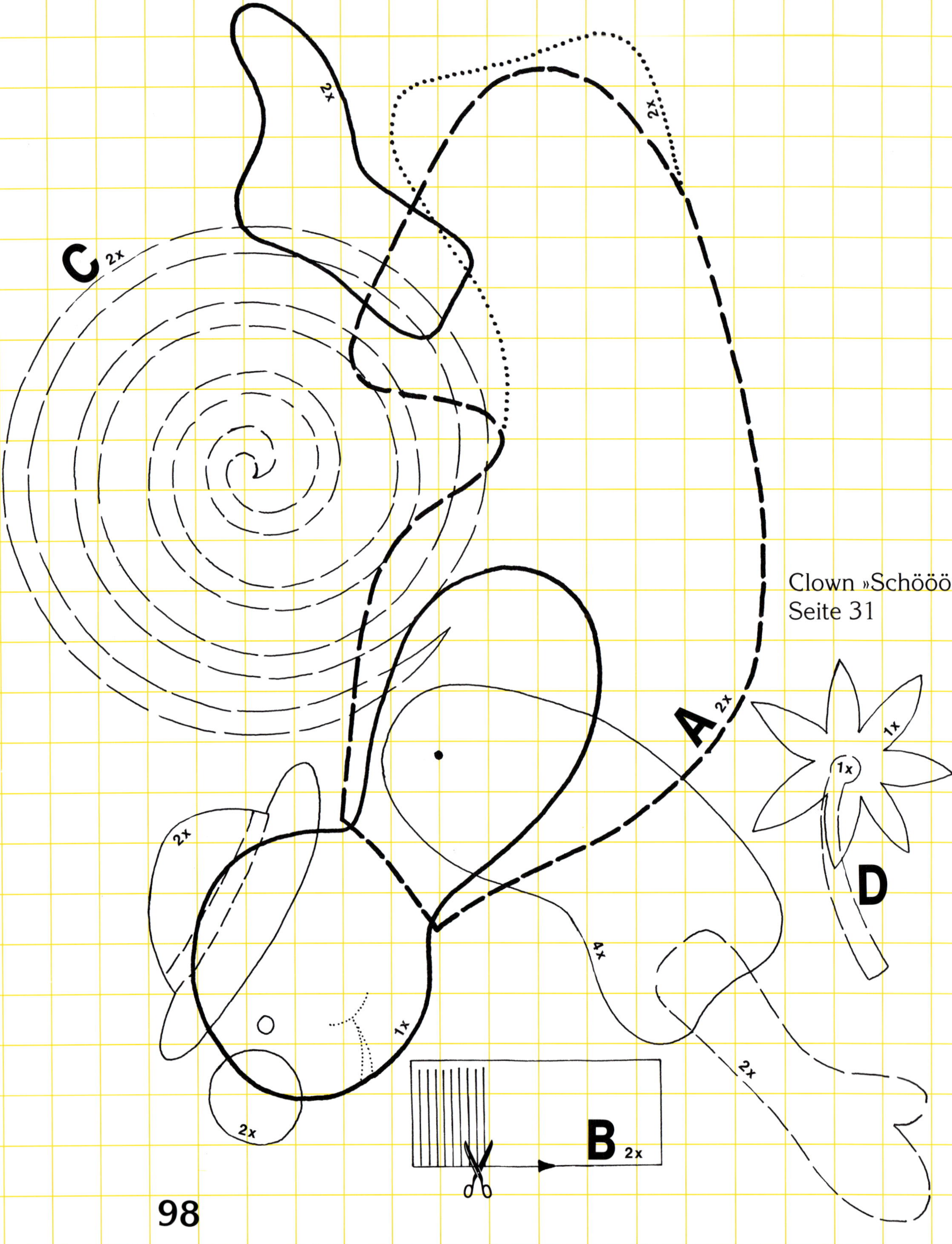

Clown »Schööön
Seite 31

Hampelküken
Seite 34

Ente
Seite 34/35

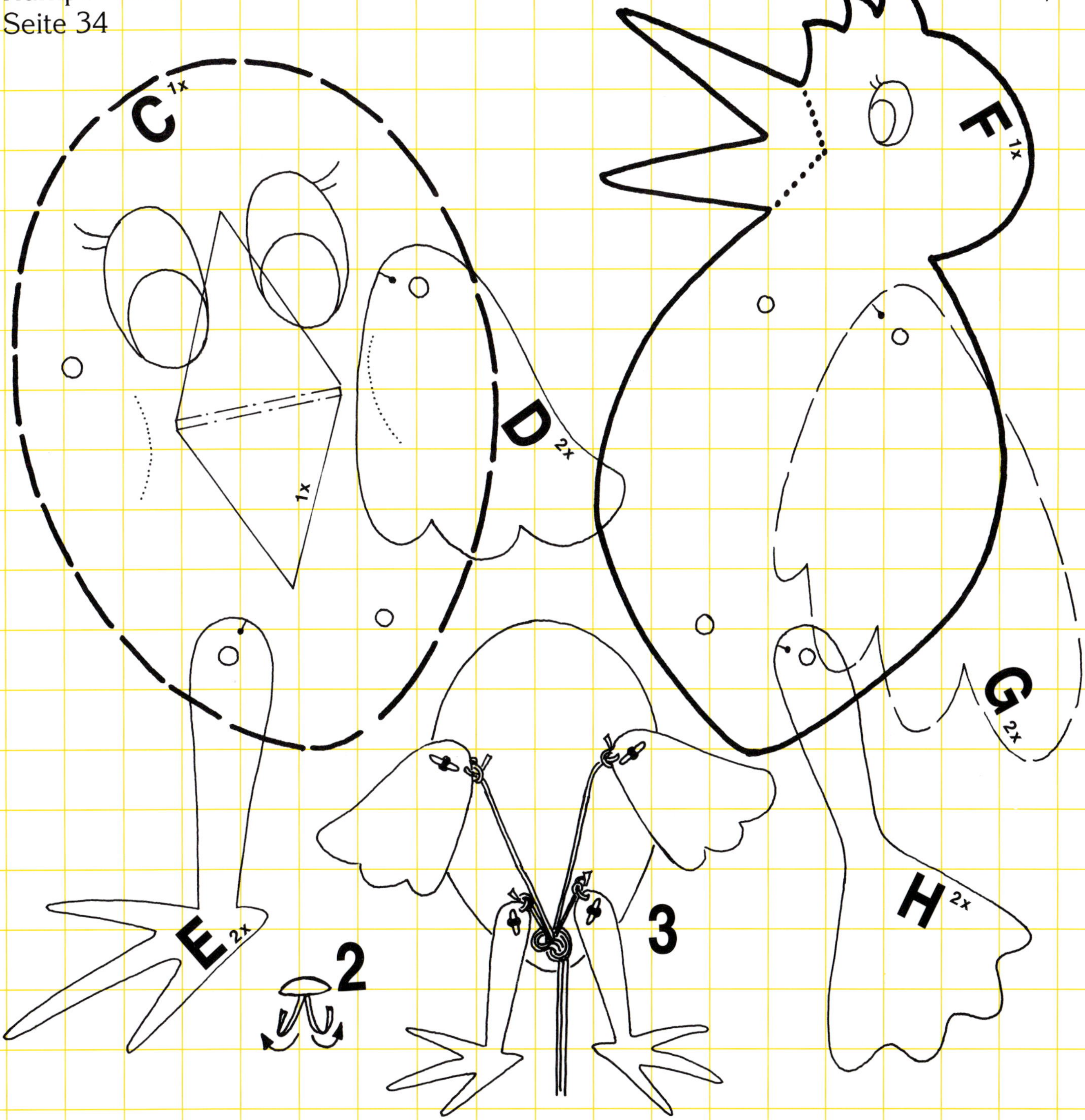

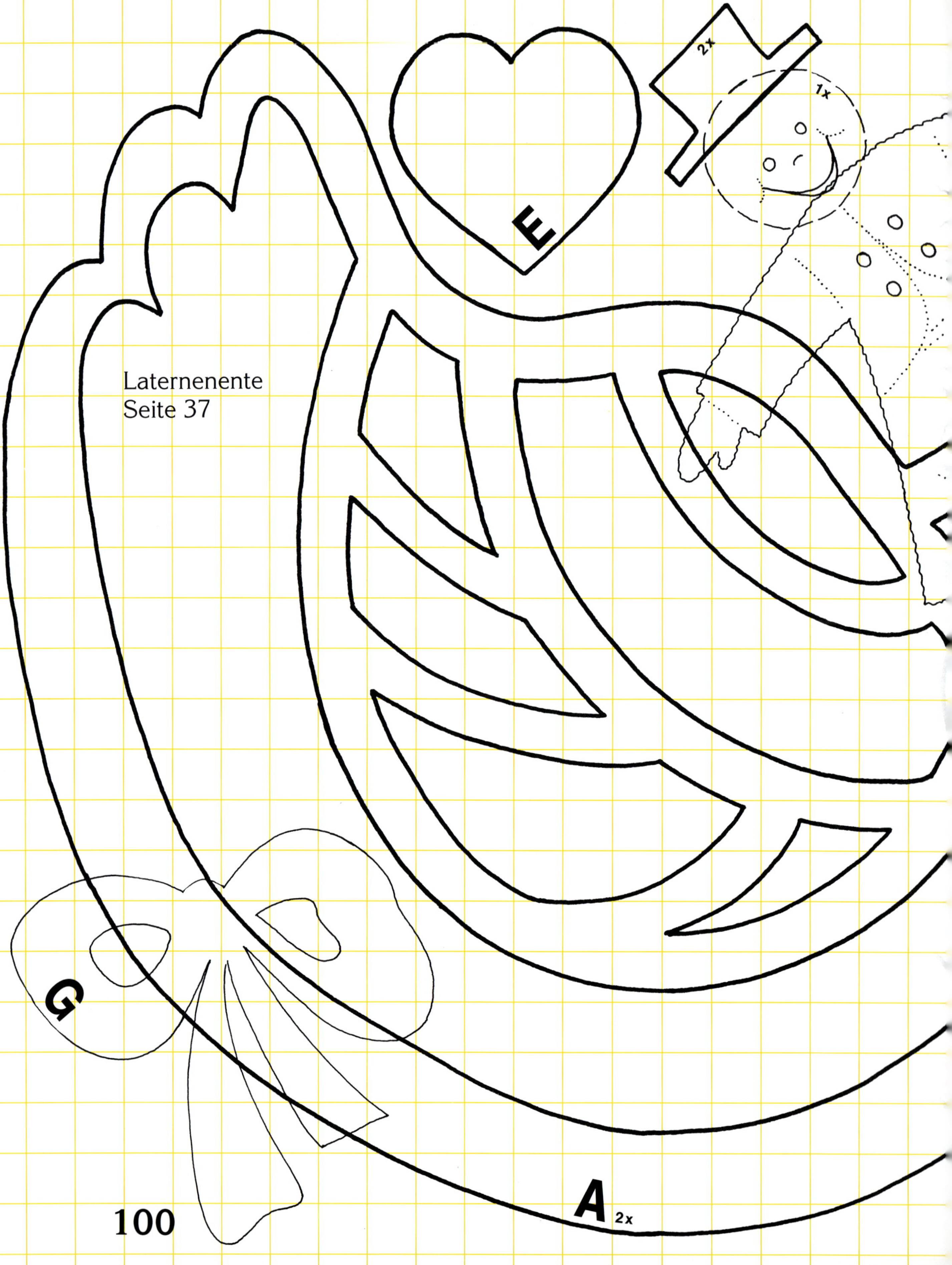
Laternenente
Seite 37
E
2x
1x
G
A
2x

Glücksboten
Seite 82/83

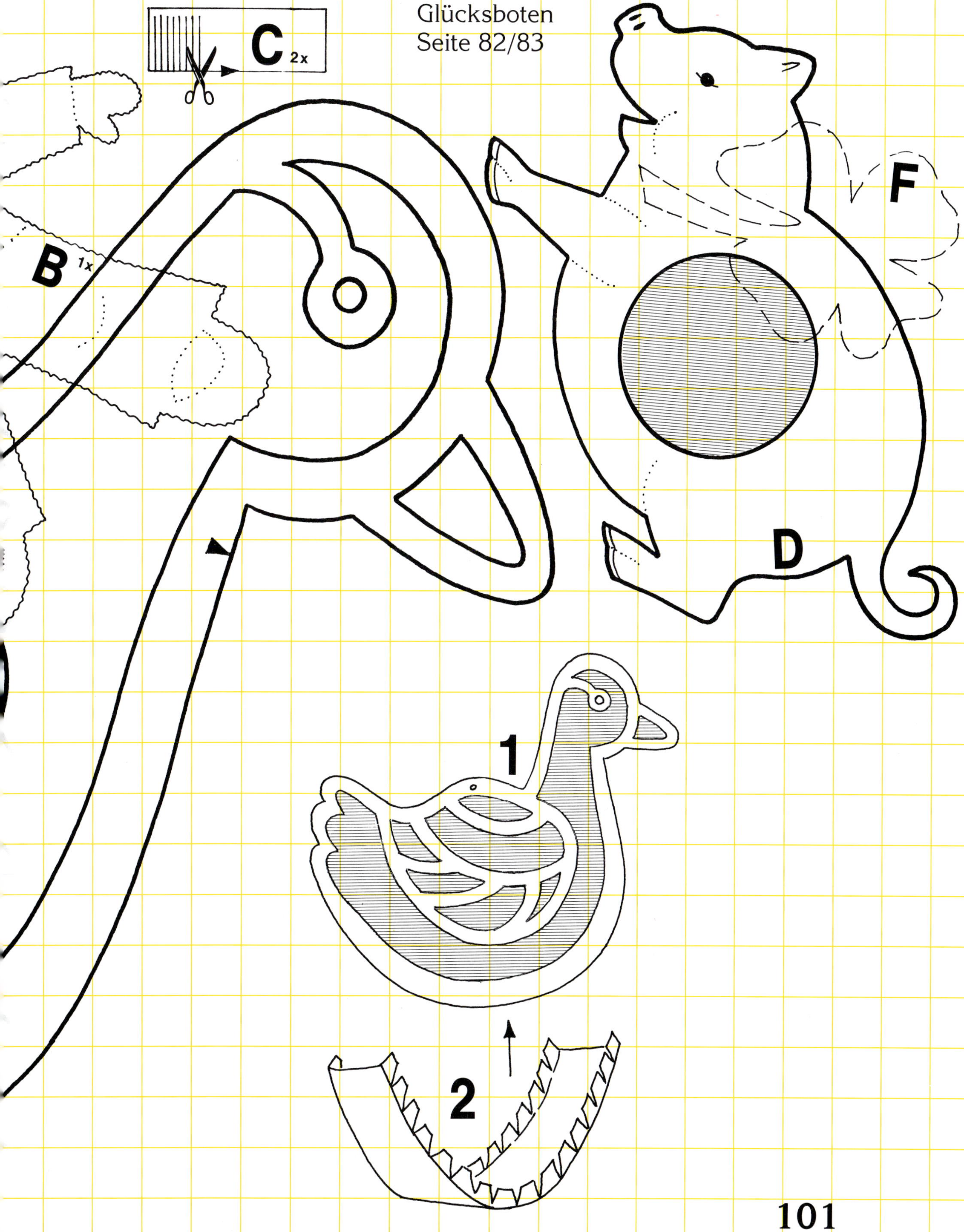

Gemüseeintopf
Seite 38/39

Vorlagen-hinweis

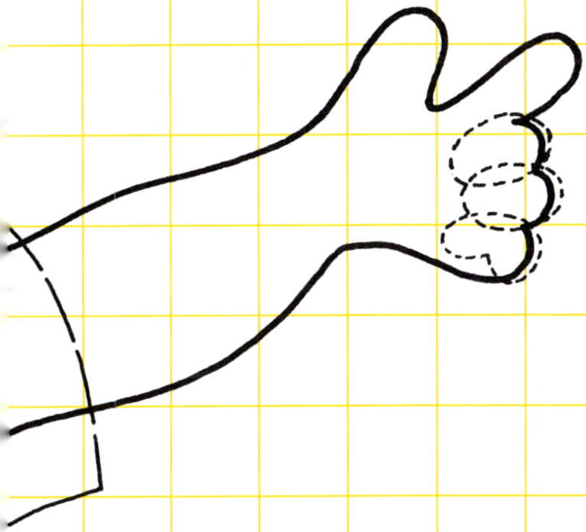

Bruchlinie – Diese Linie ist an Motivteilen zu finden, die nur zur Hälfte aufgezeichnet sind. Wenn in der Anleitung nichts anderes angegeben ist, pausen Sie das betreffende Motiv auf Transparentpapier ab, klappen dann das Transparent wie ein Blatt in einem Buch um, legen Ihre abgepauste Bruchlinie, Stoß an Stoß, wieder an der Bruchlinie des Motivs an und zeichnen exakt das Gleiche noch einmal ab. Da sich nun auf beiden Transparentseiten Bleistiftkonturen befinden, zeichnen Sie auf einer Seite Ihrer Wahl die dort durchscheinende Bleistiftkontur nach, so daß Sie nun das vollständige Motiv deutlich erkennen.
Eine weitere Funktion dieser Linie betrifft nicht das Abpausen, sondern sie gibt den Hinweis, daß entlang dieser Linie das betreffende Motivteil gefaltet wird; dieser Arbeitsablauf ist in den Anleitungen aufgeführt.

Konturlinien – Diese Linien, auch in unterschiedlichen Stärken, lassen sowohl die gesamte Motivform als auch deren eingezeichnete, überschneidende Details noch klar erkennen. Ein Abpausen falscher Konturenverläufe ist daher ausgeschlossen.

10

Suchnummer – Die großen Zahlen geben den Motivstand in der Vorlage an. Sie finden diese Suchnummer wiederum aufgeschlüsselt bei jeder Anleitung unterhalb der Materialliste.

4x

Zuschnittangabe – Zahlen mit einem x-Zeichen stehen direkt auf oder an einer Konturlinie. Sie geben an, wie oft das Motiv und dessen Detail aus dem betreffenden Material ausgeschnitten bzw. zugeschnitten wird.

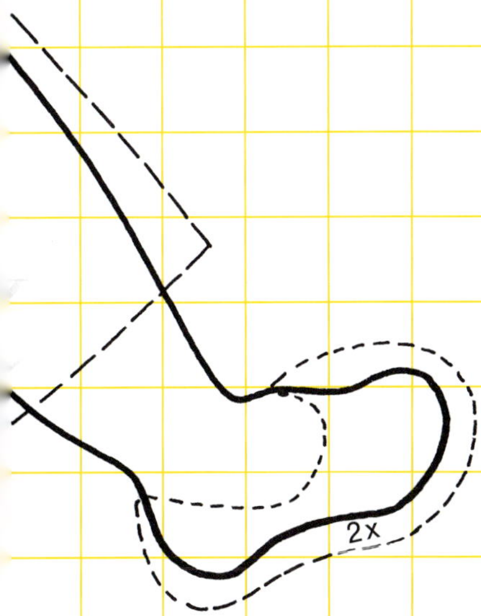

6a-g

Suchnummer mit Unterteilung – Diese Angabe bedeutet, daß das Motiv aus mehreren Teilen besteht. Die Buchstaben zeigen in alphabetischer Reihenfolge, nach wieviel Teilen Sie suchen müssen, z.B.: a–d; also a,b,c und d. Diese Details sind separat aufgezeichnet, da sie entweder vom Motivvorderteil aus nicht zu sehen sind, oder der Deutlichkeit halber eine separate Zeichnung benötigen.

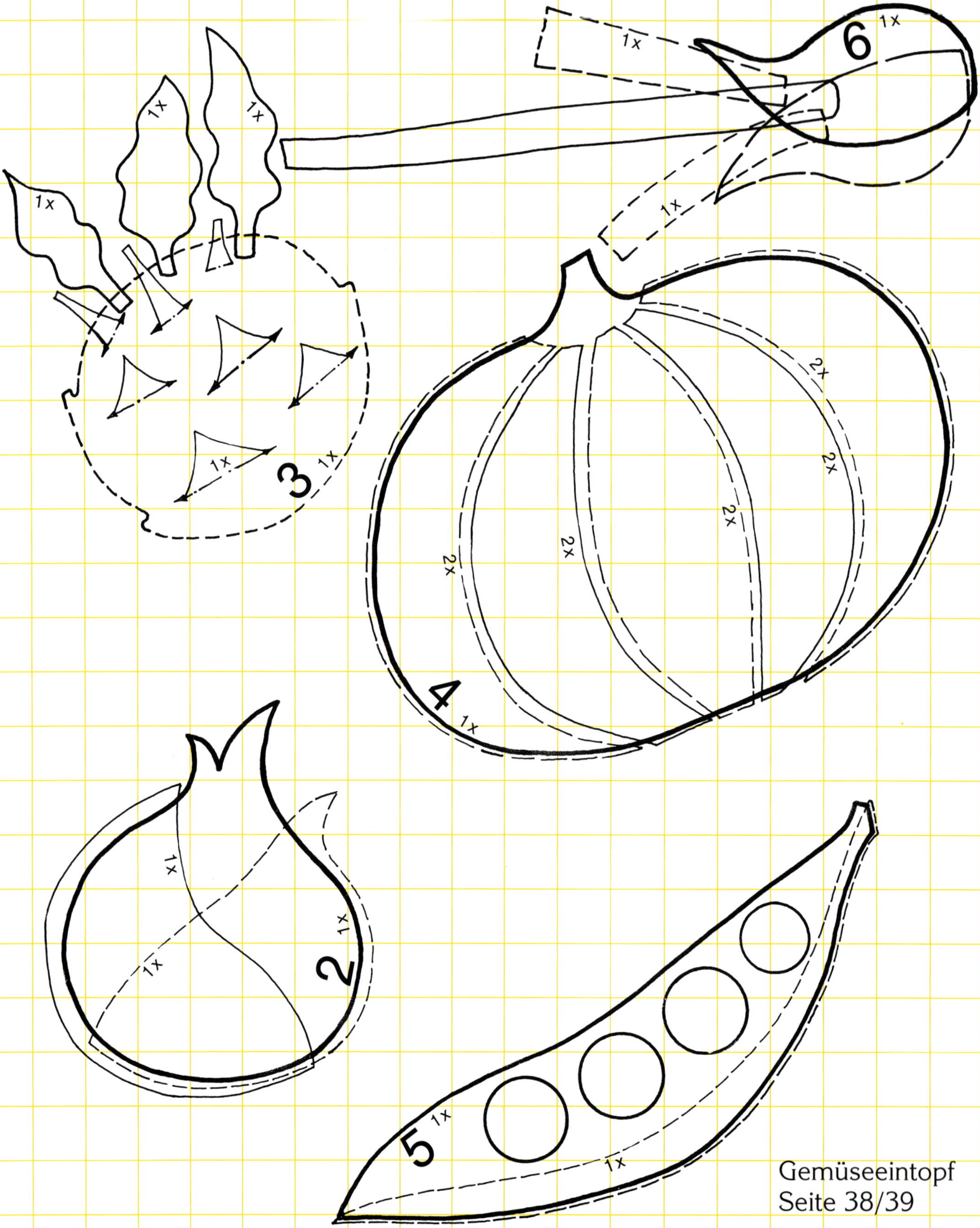

Gemüseeintopf
Seite 38/39

Malstunde
Seite 41

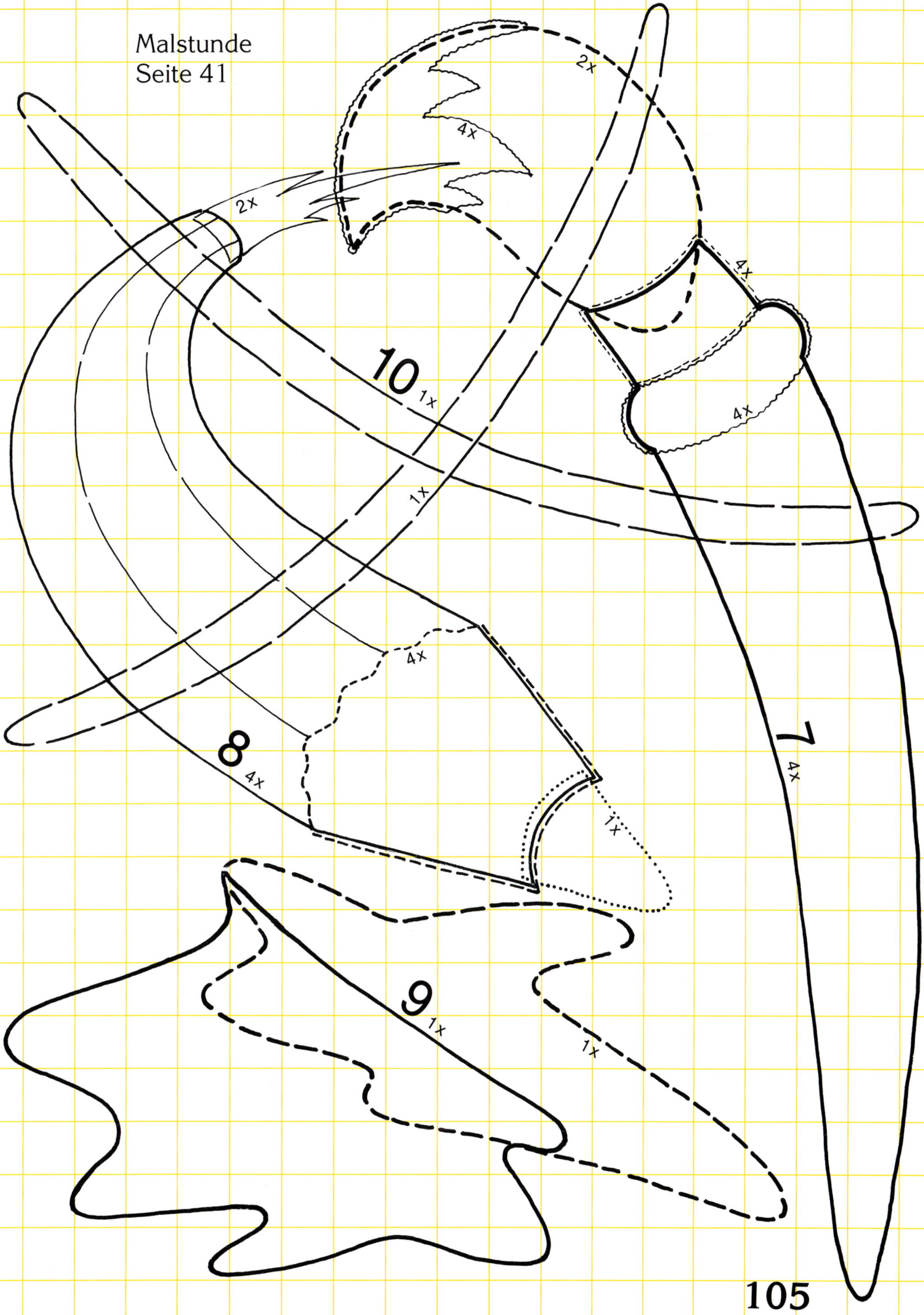

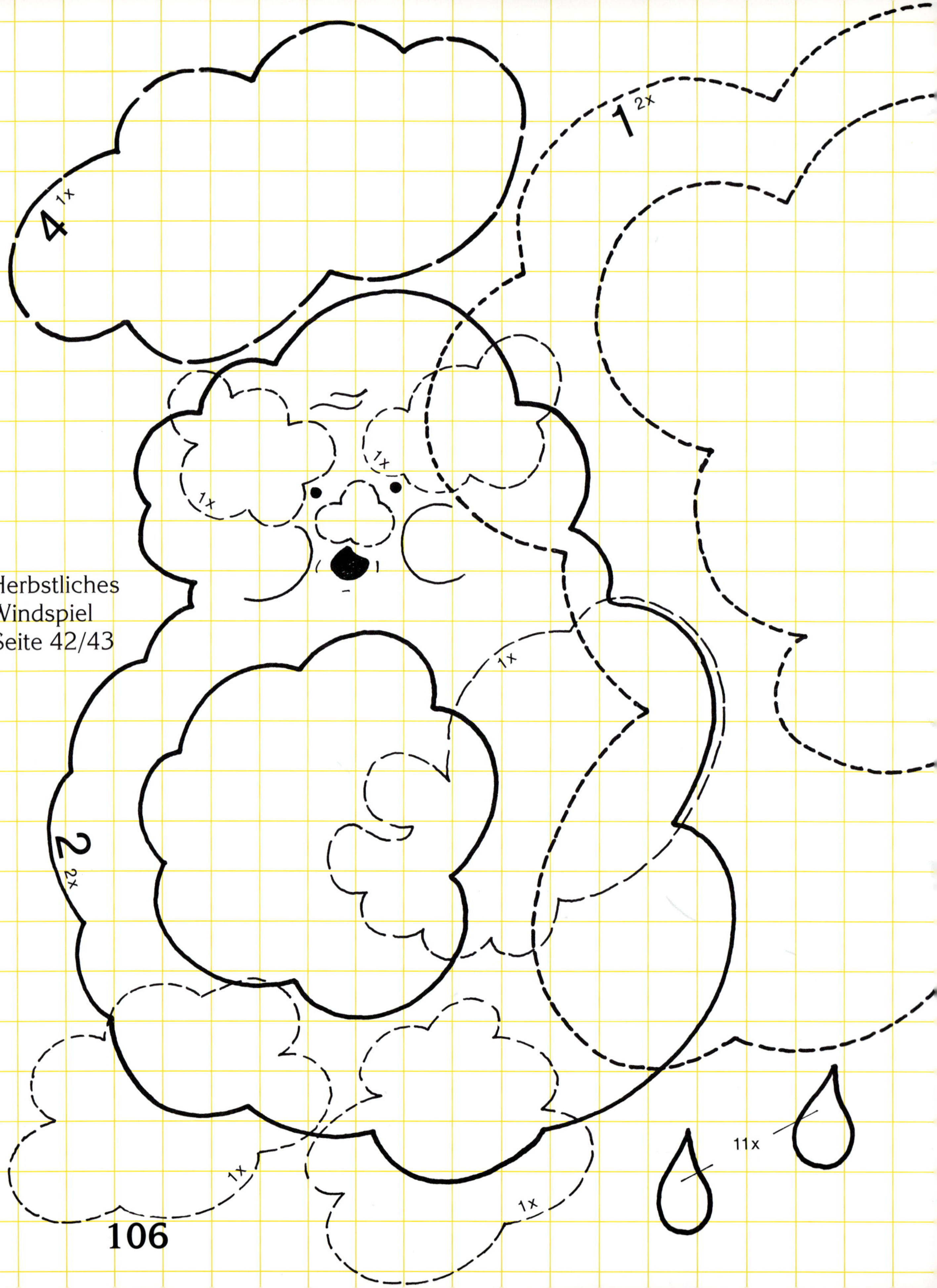

Herbstliches
Windspiel
Seite 42/43

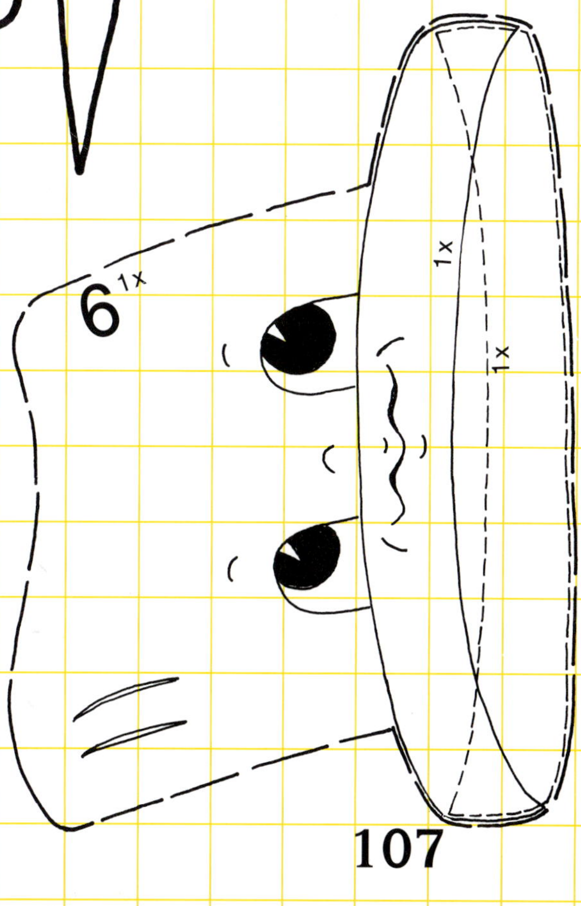

Herbstliches
Windspiel
Seite 42/43

Katzenserenade
Seite 44/45

Katzenserenade
Seite 44/45

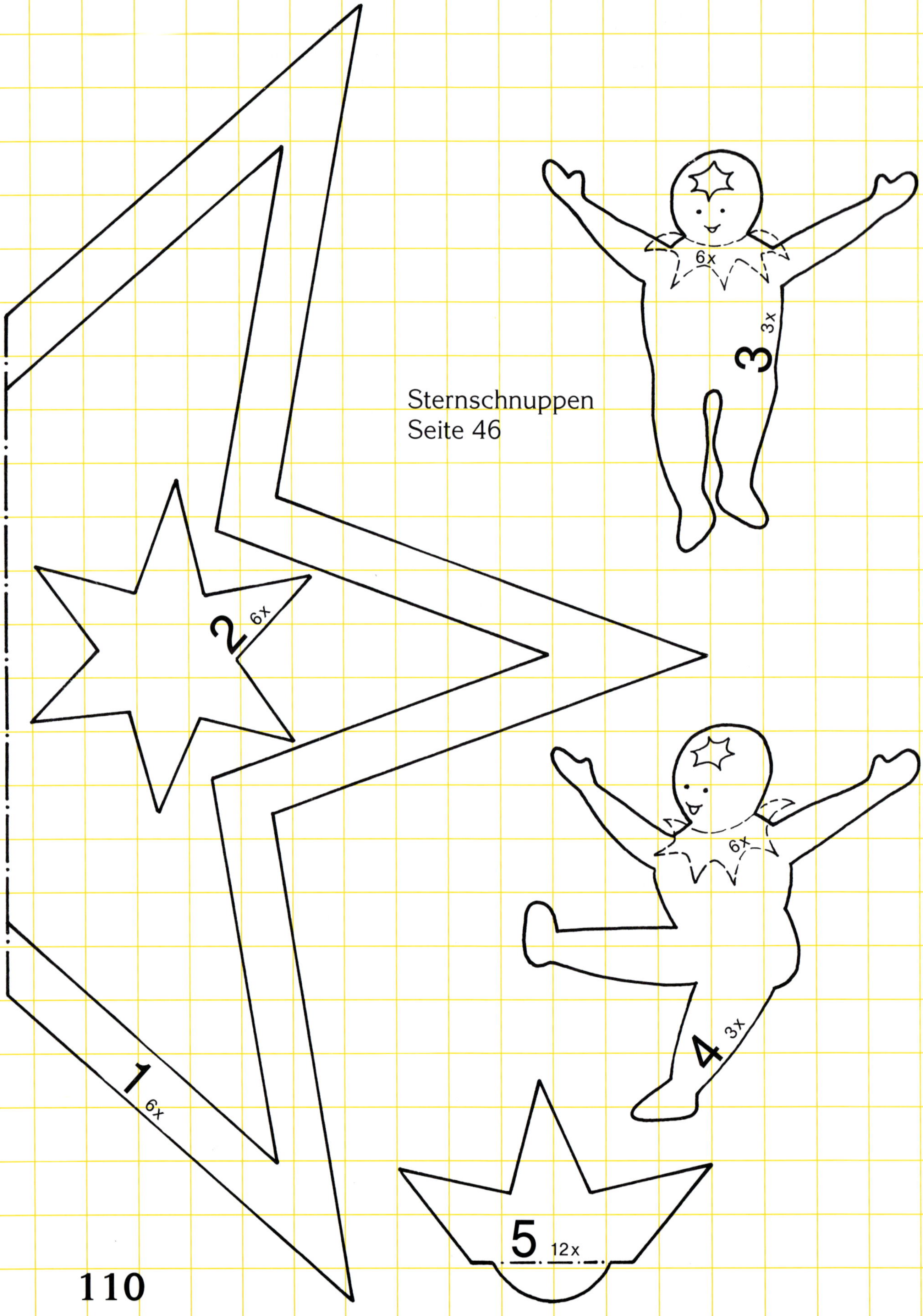

Sternschnuppen
Seite 46

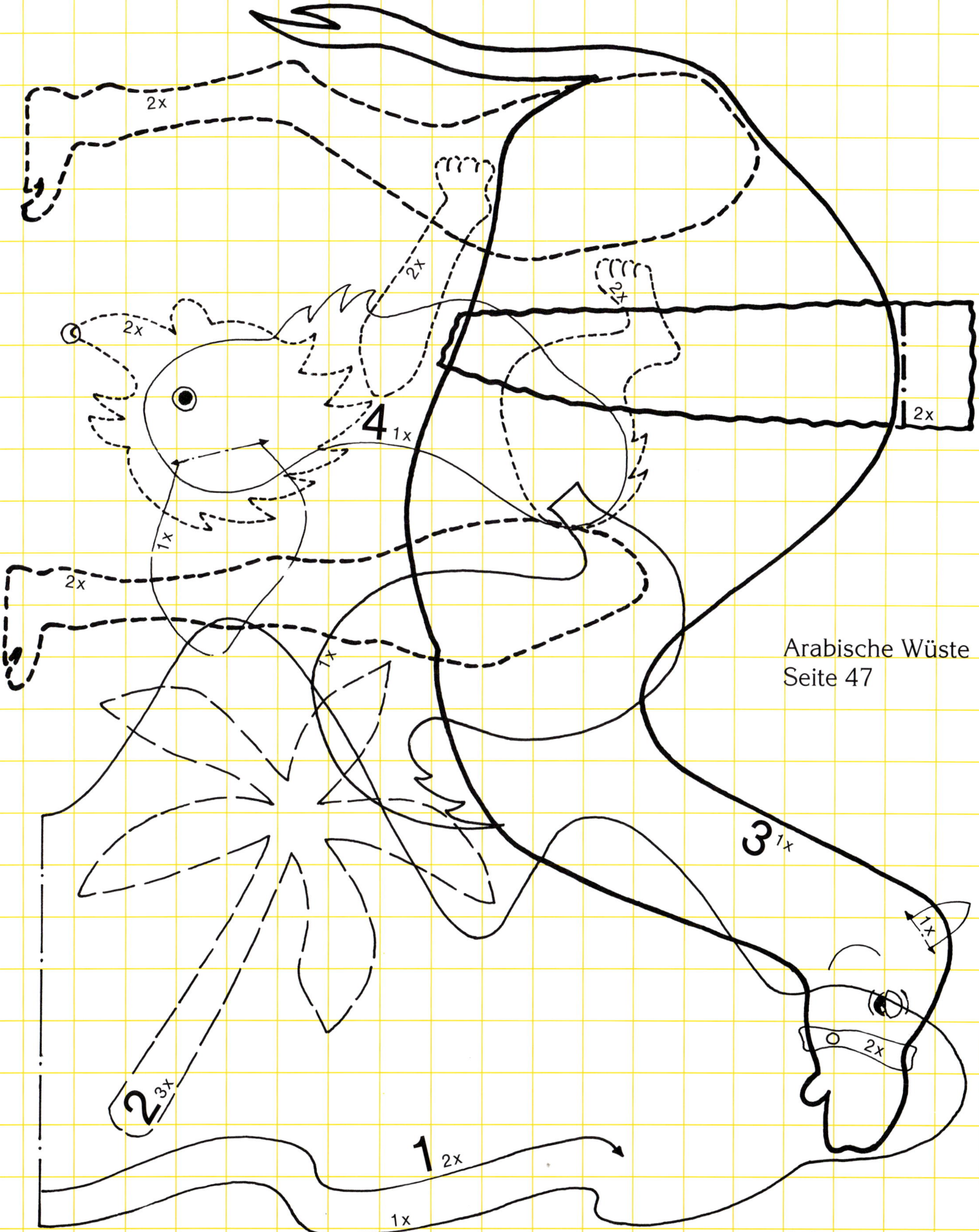

Arabische Wüste
Seite 47

Arabische Wüste
Seite 47

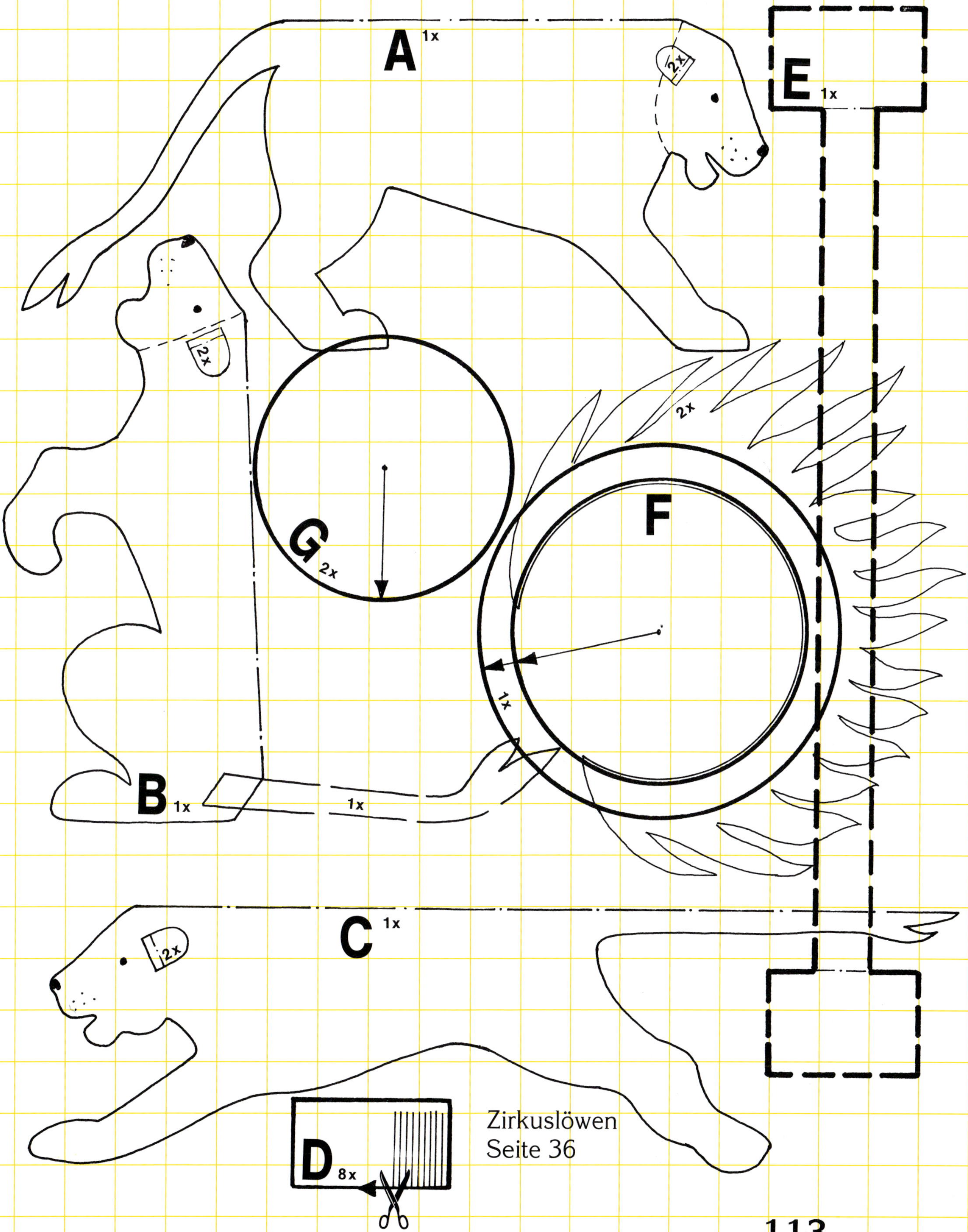

Zirkuslöwen
Seite 36

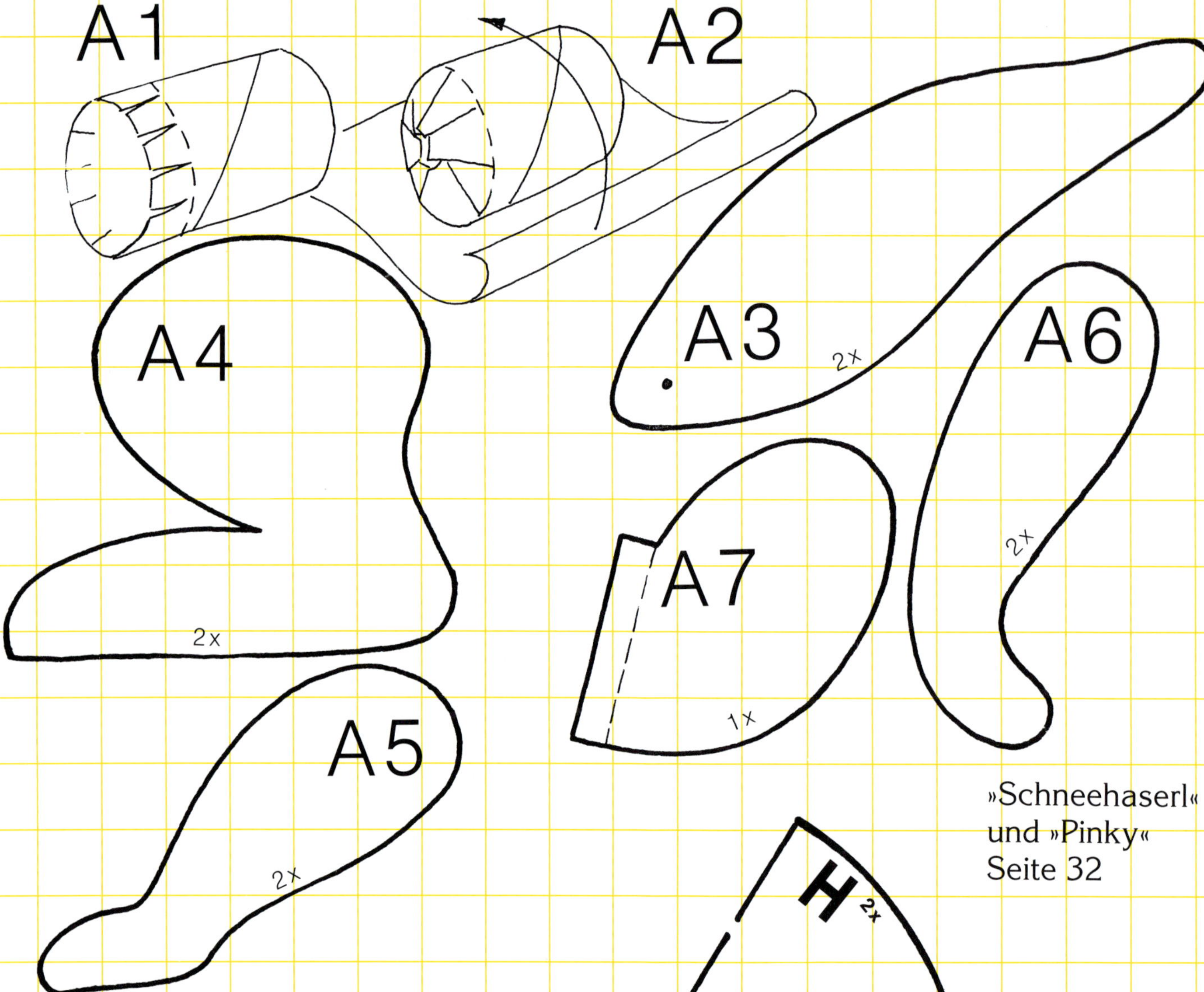

»Schneehaserl« und »Pinky« Seite 32

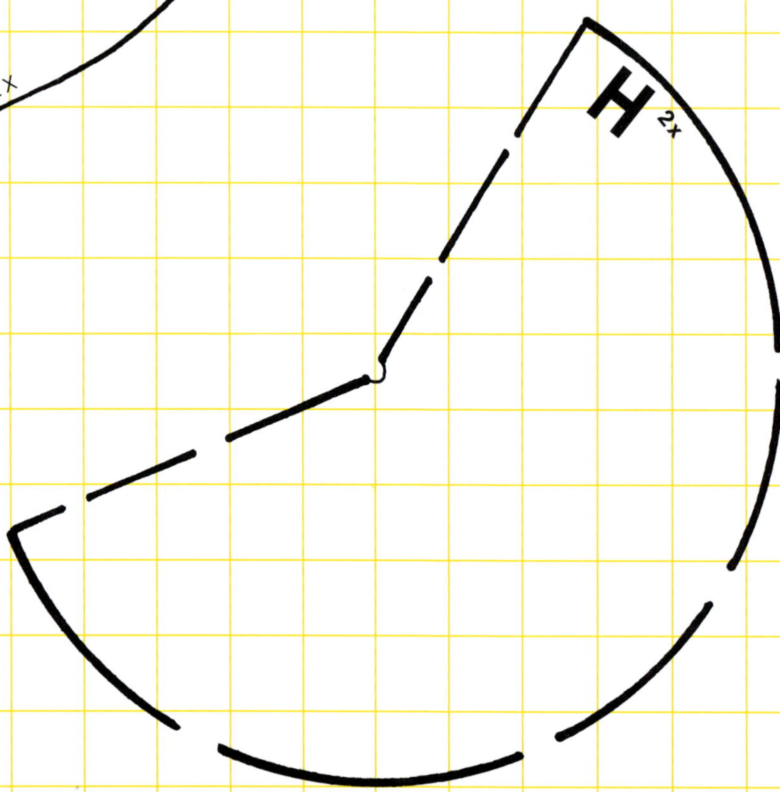

Kugelspiel Seite 33

Briefmarken-
diener
Seite 48/49

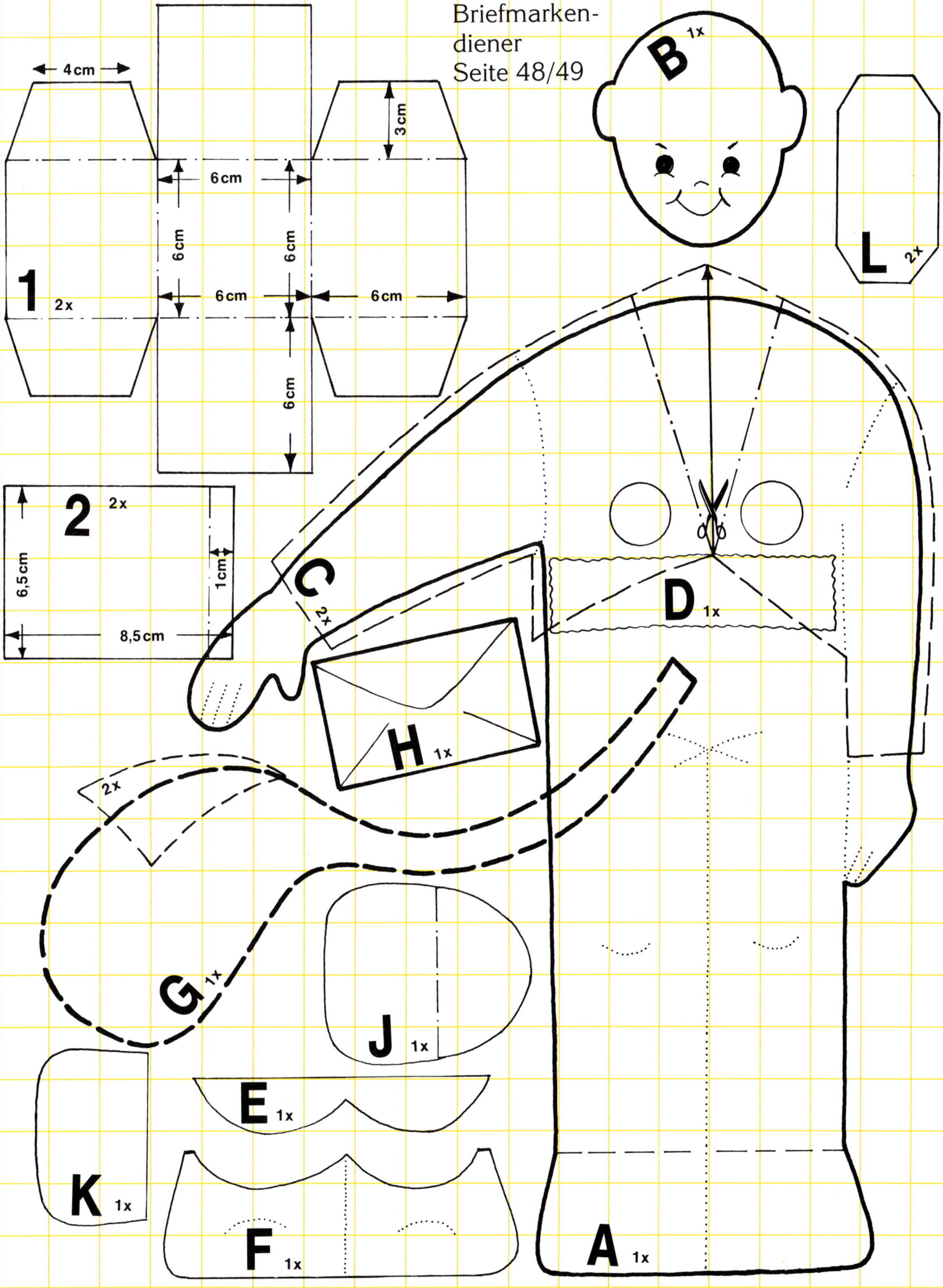

Lesezeichen
Seite 52

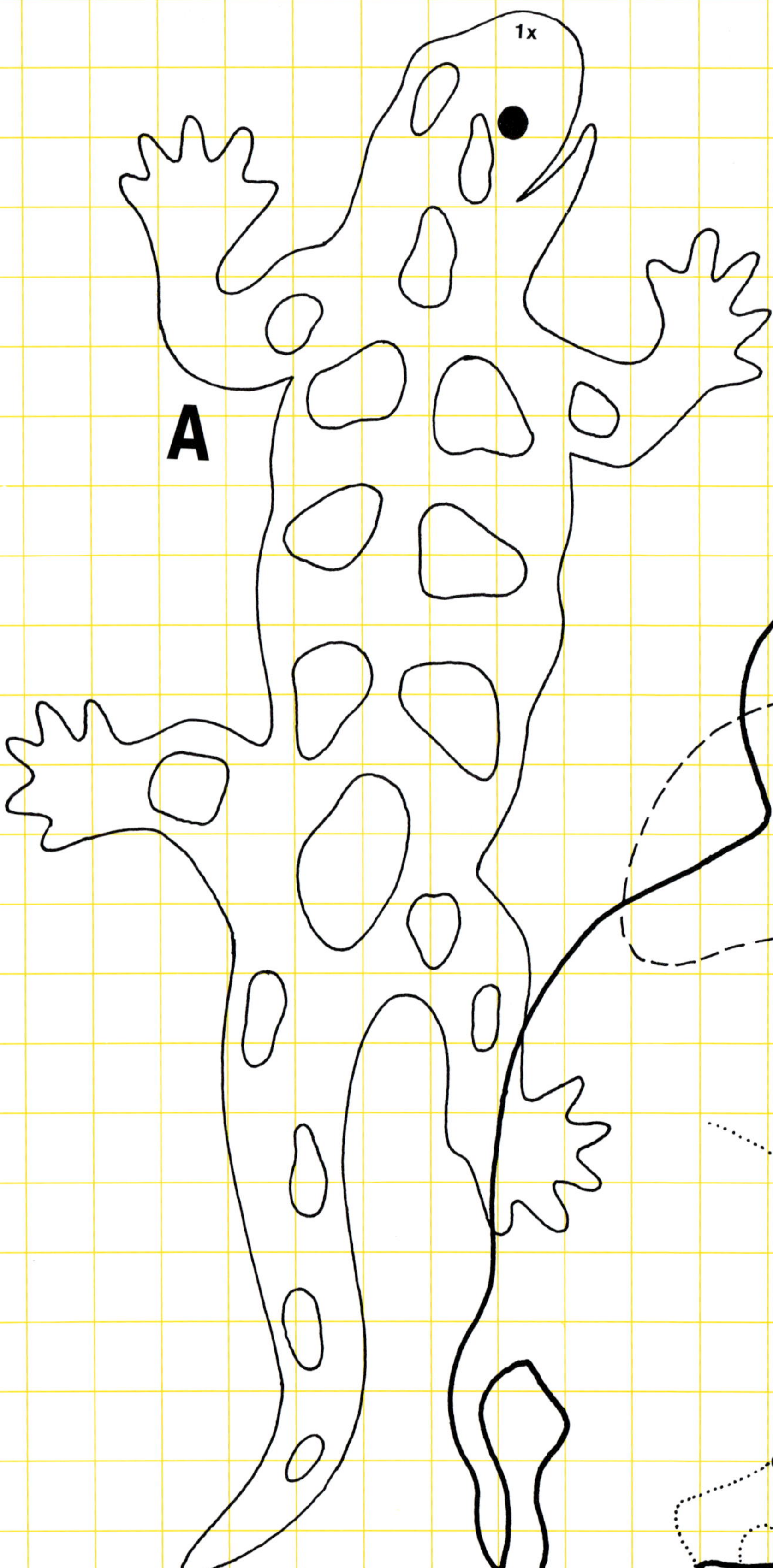

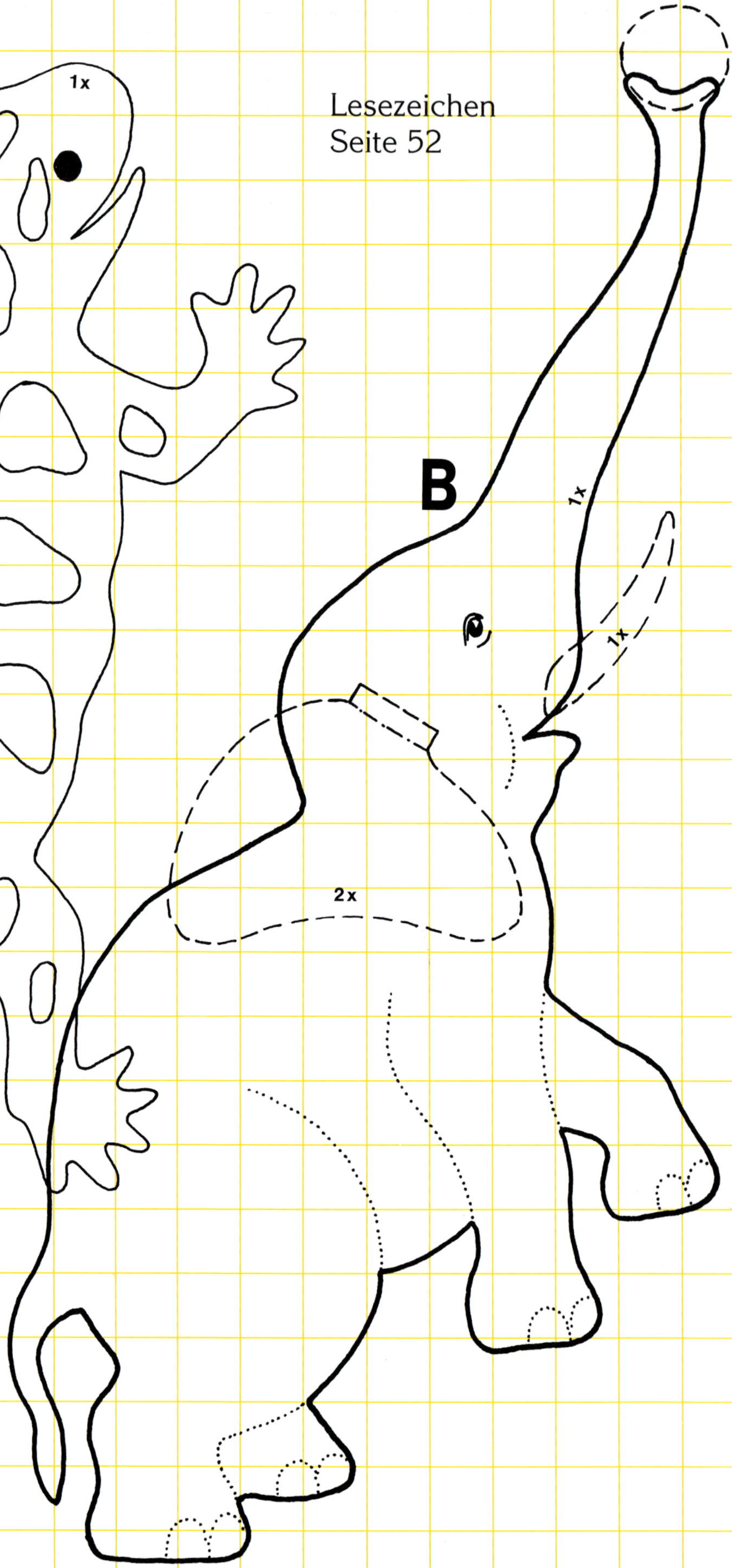

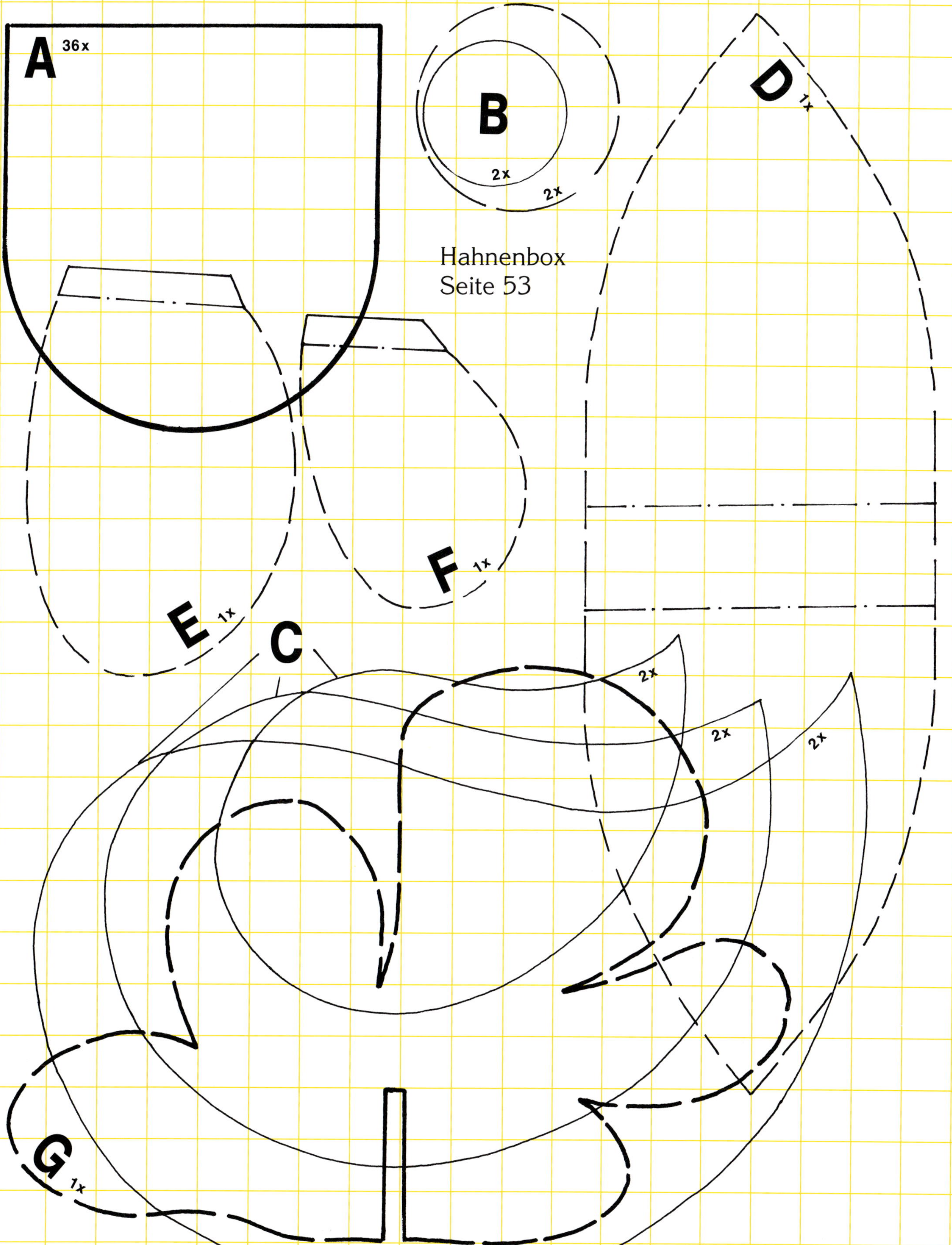
A 36x
B
2x
2x
D 1x
Hahnenbox
Seite 53
E 1x
F 1x
C
2x
2x
2x
G 1x

Sparpilz
Seite 51

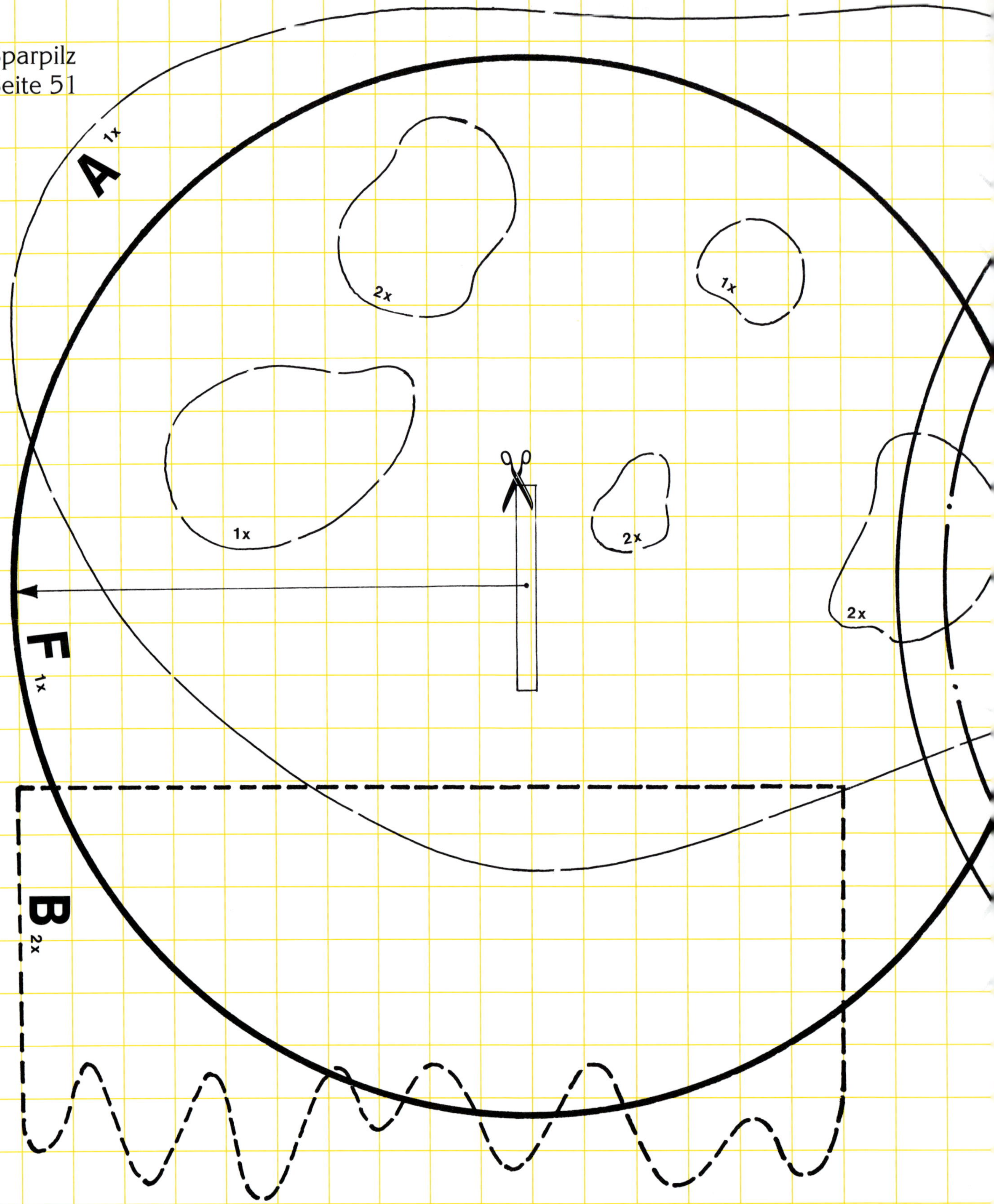

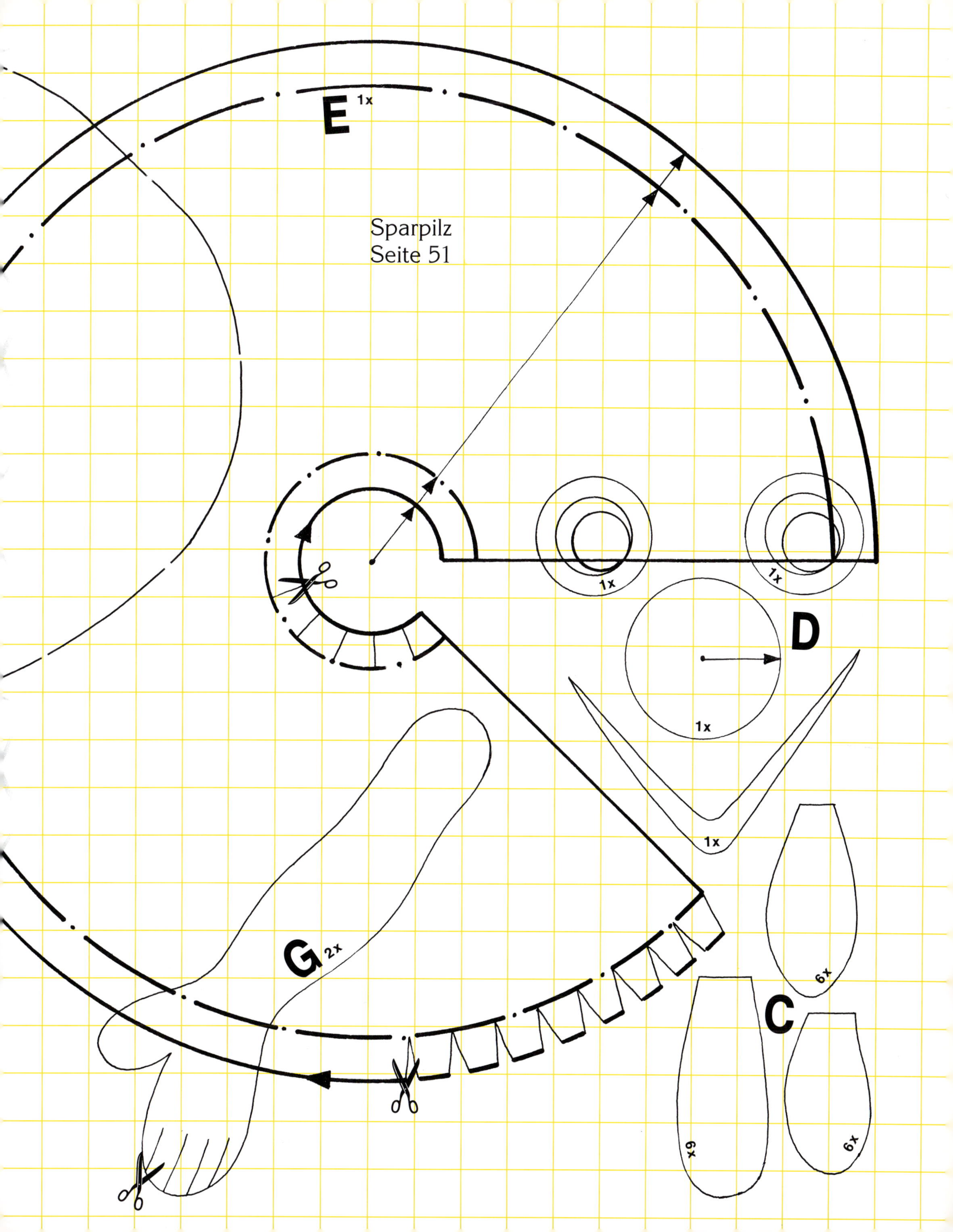
E 1x
Sparpilz
Seite 51
1x
1x
D
1x
1x
G 2x
6x
C
6x
6x

Segelschiff
Seite 54/55

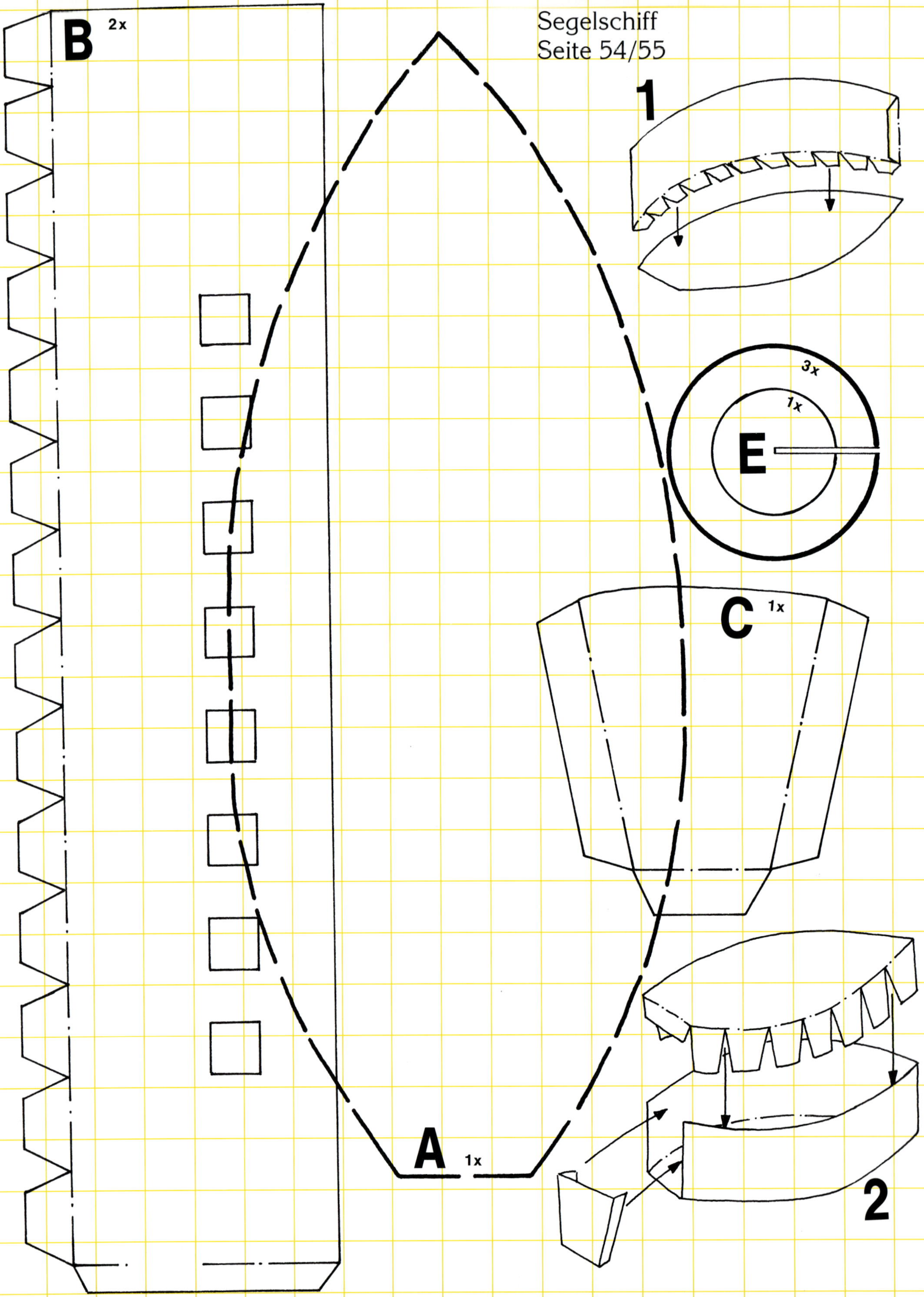

Segelschiff
Seite 54/55

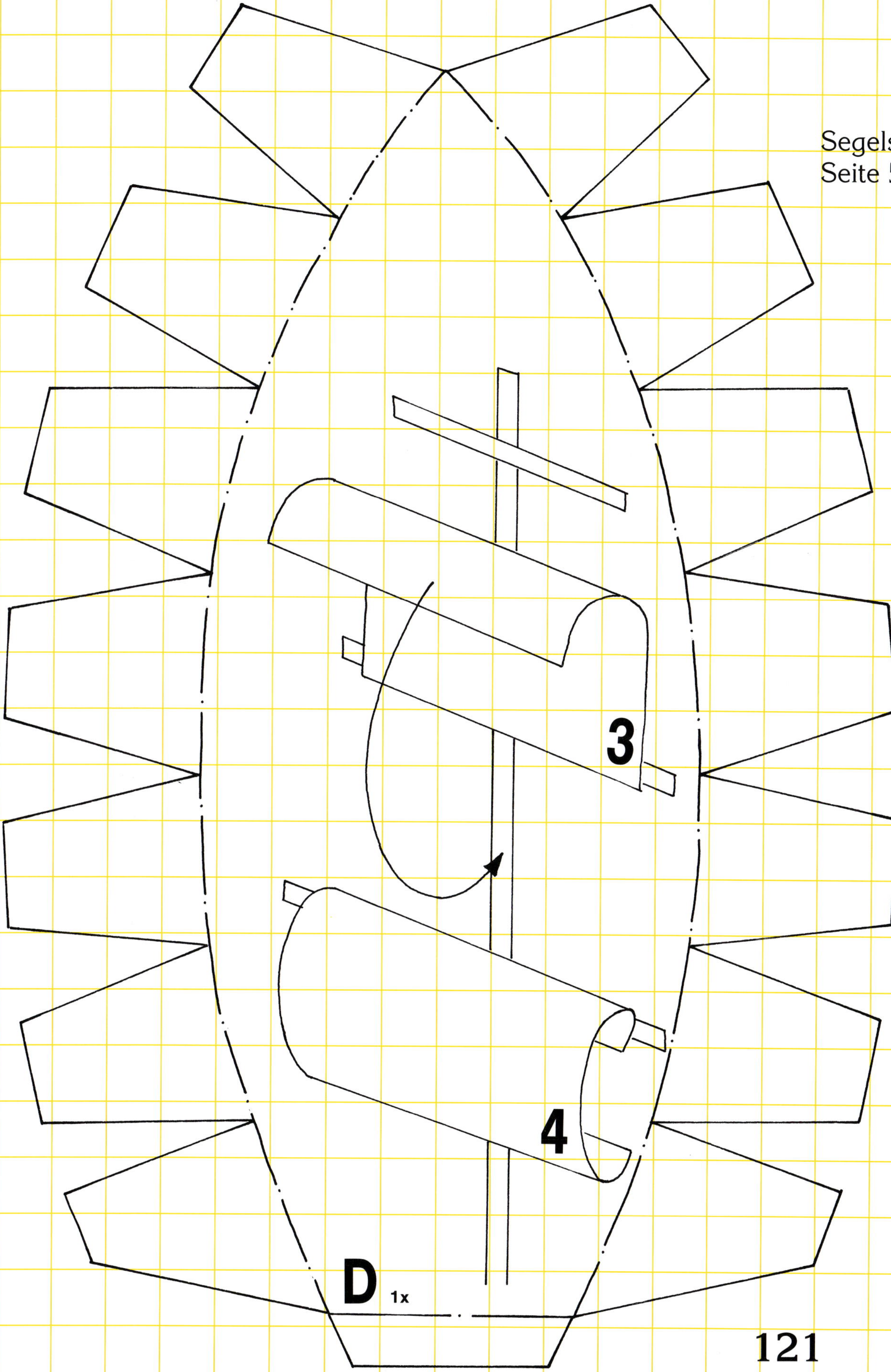

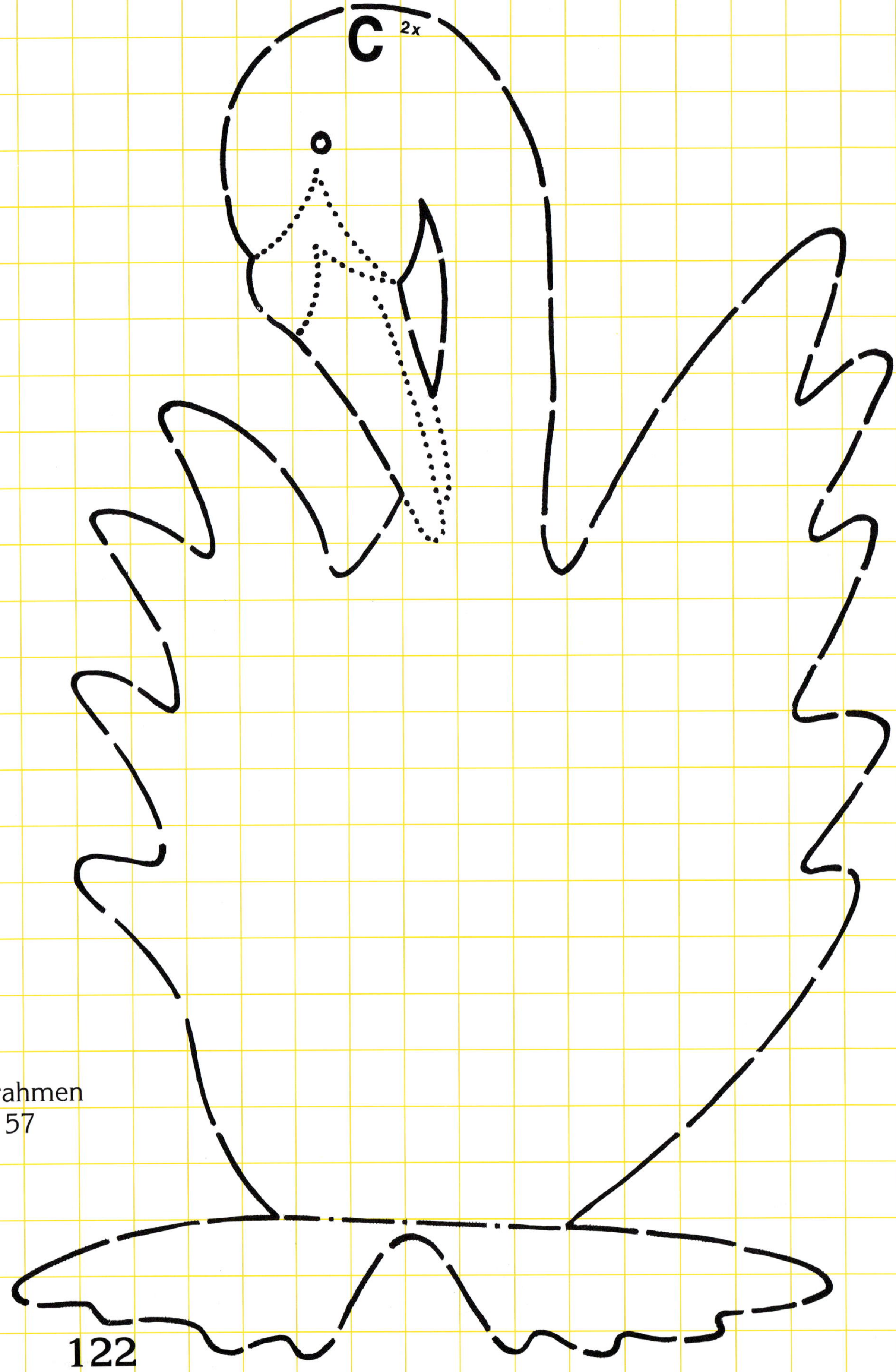

Fotorahmen
Seite 57

Engel-und Sternkarte
Seite 18

Postkartenbox
Seite 56

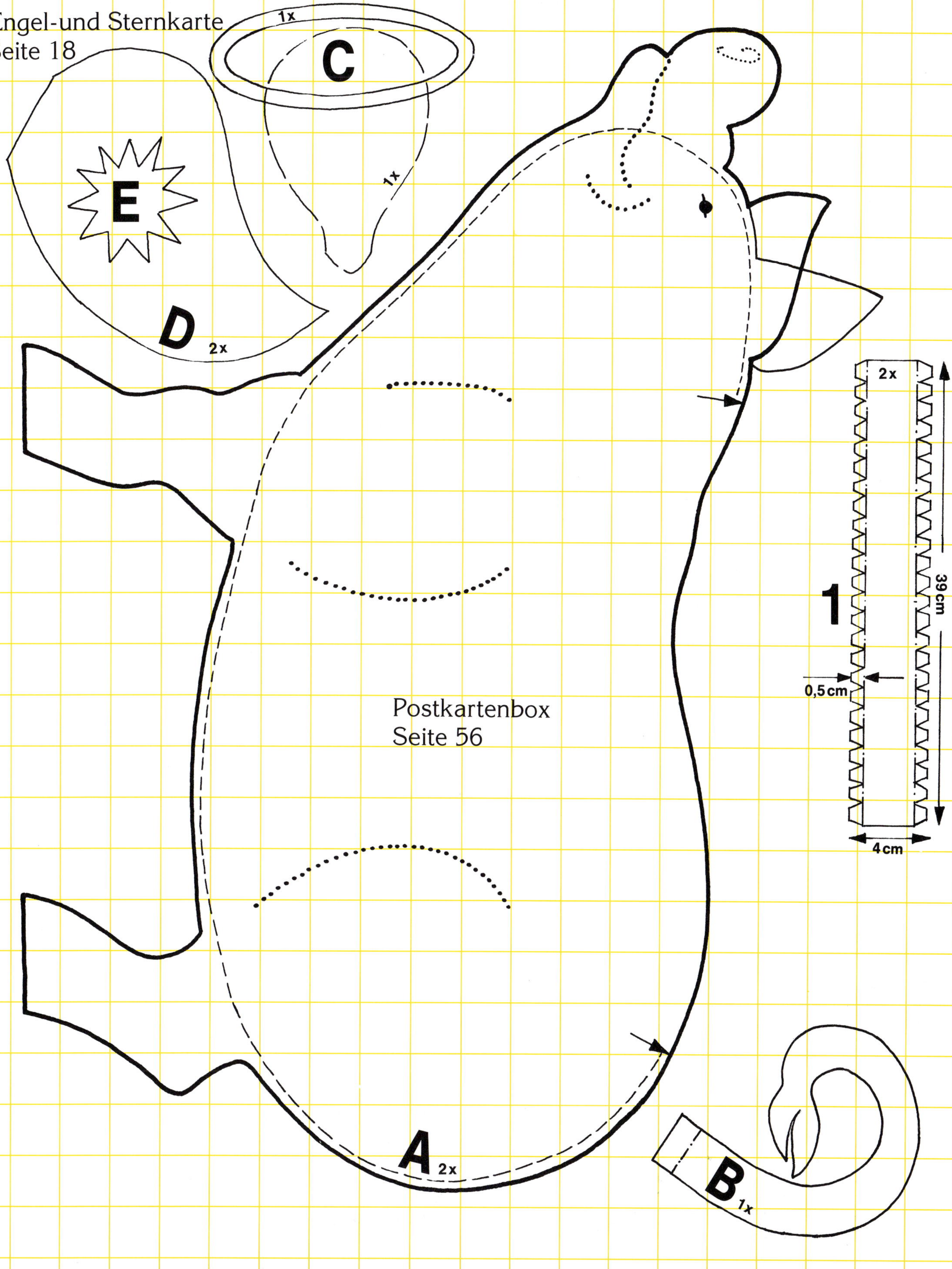

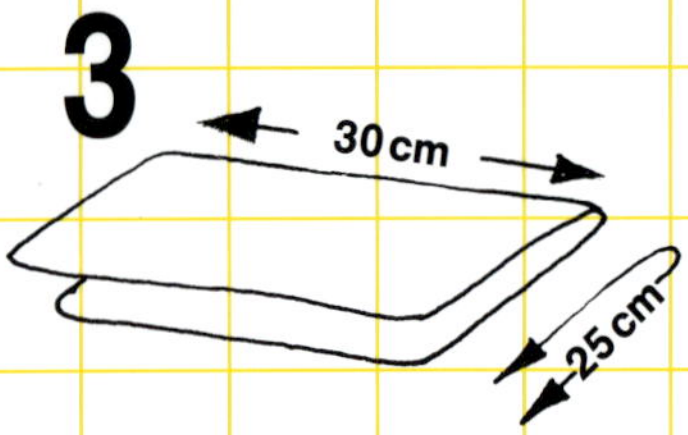

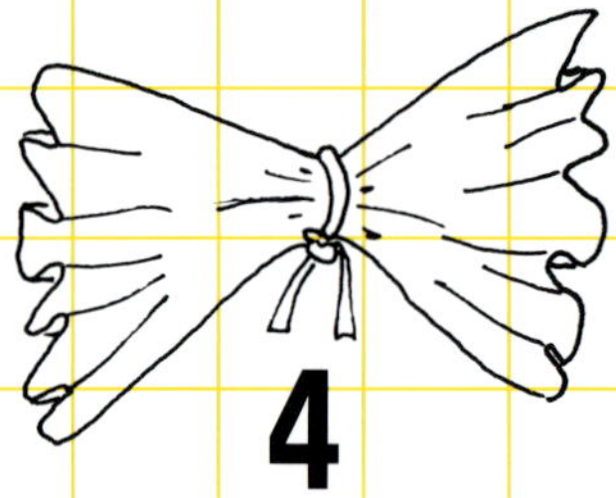

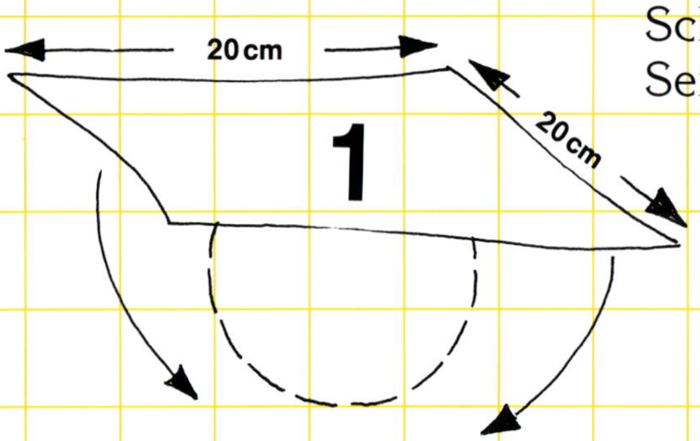

Schmetterlinge
Seite 59

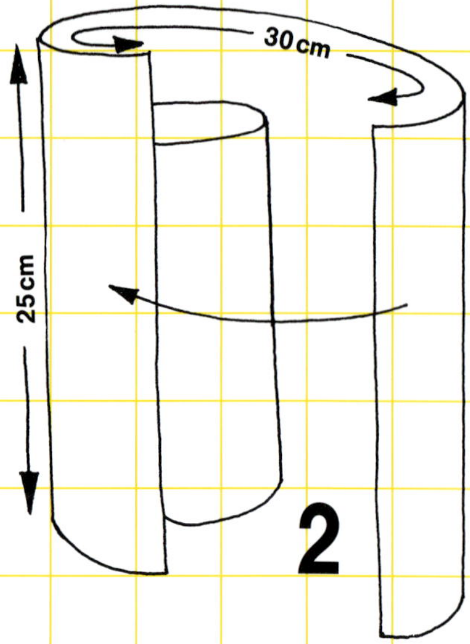

Tischboy
Seite 58

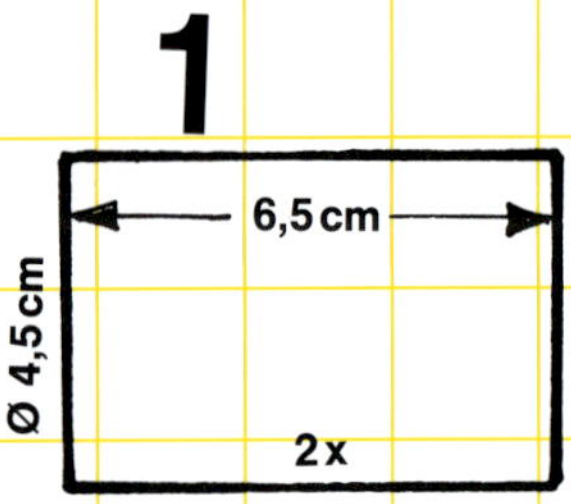

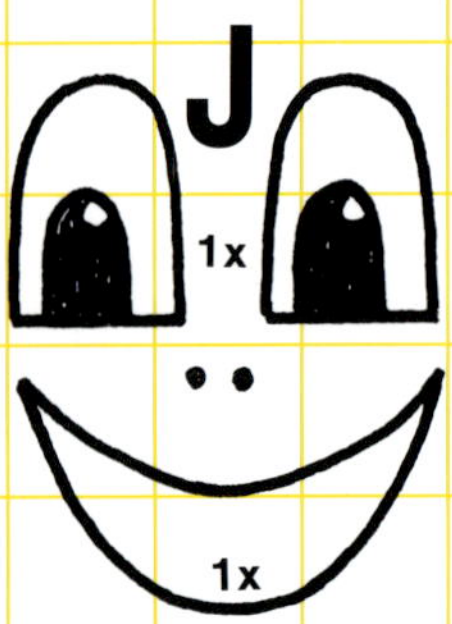

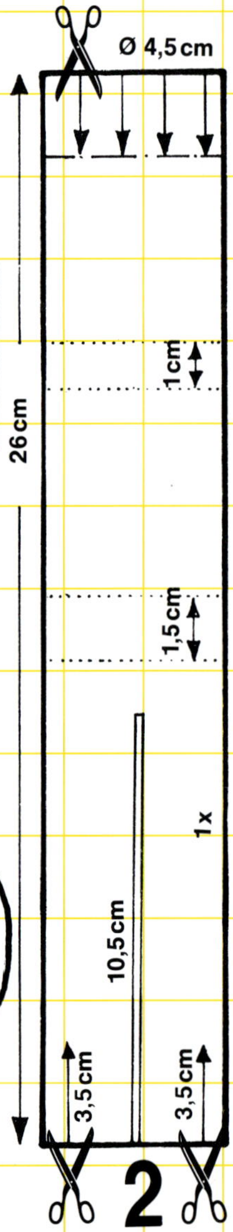

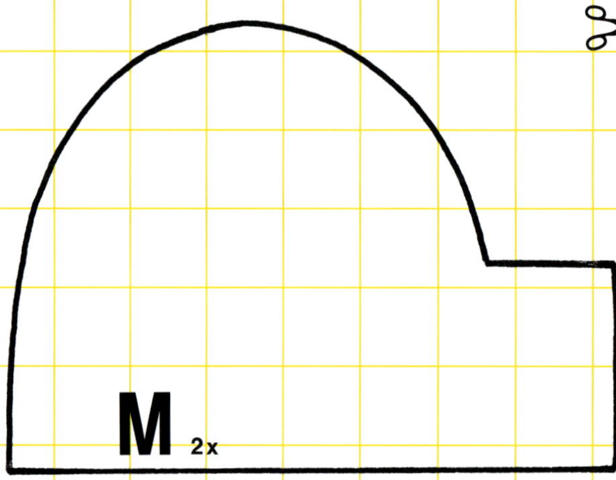

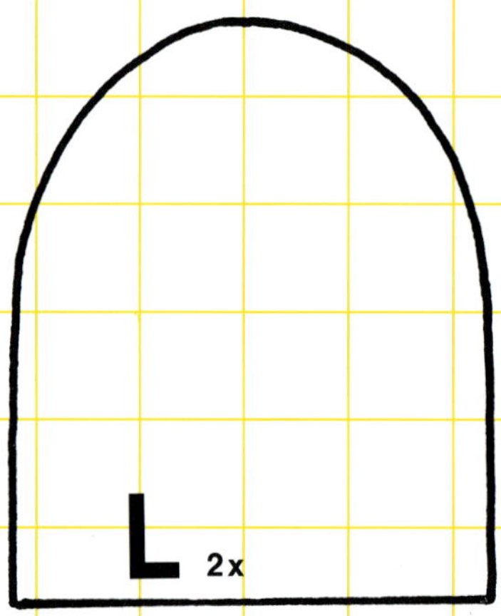

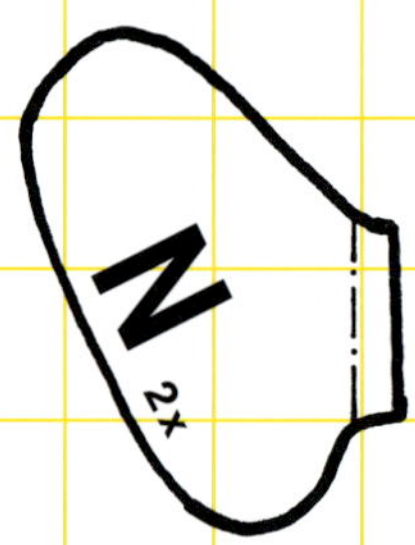

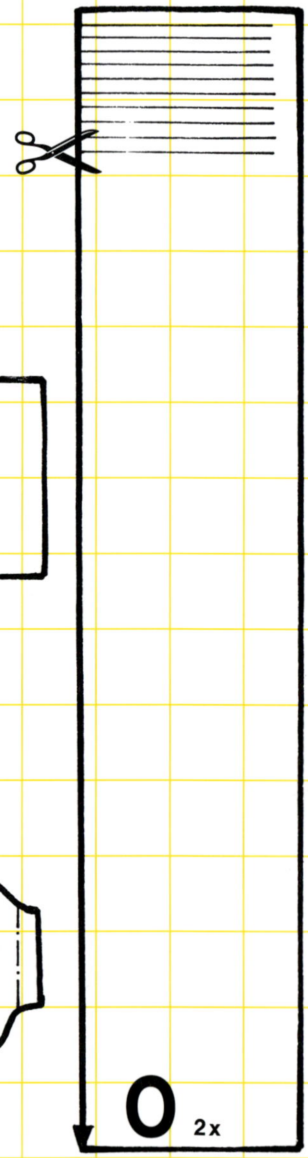

Bleistiftschmuck
Seite 60

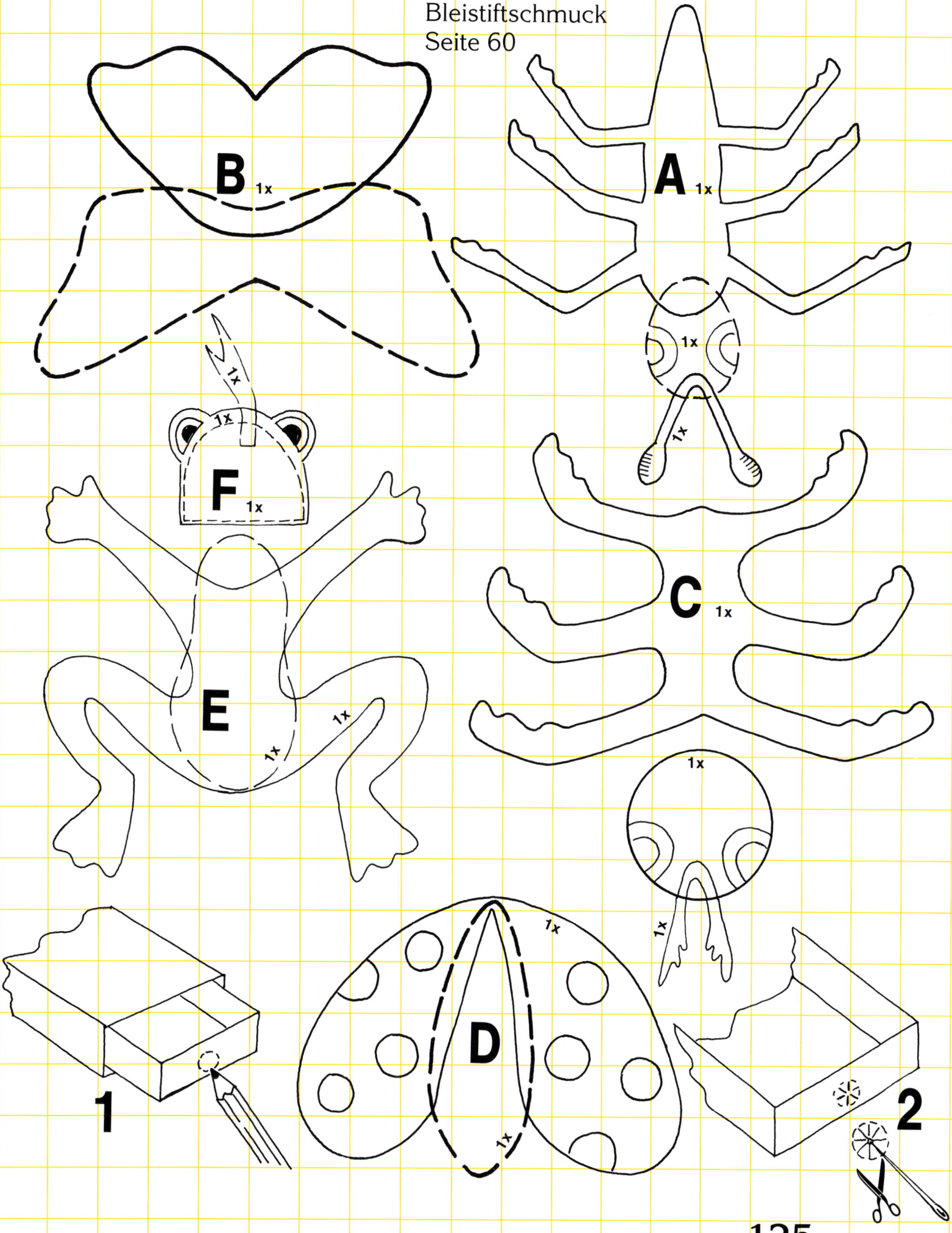

Weihnachtsbaum
Seite 16

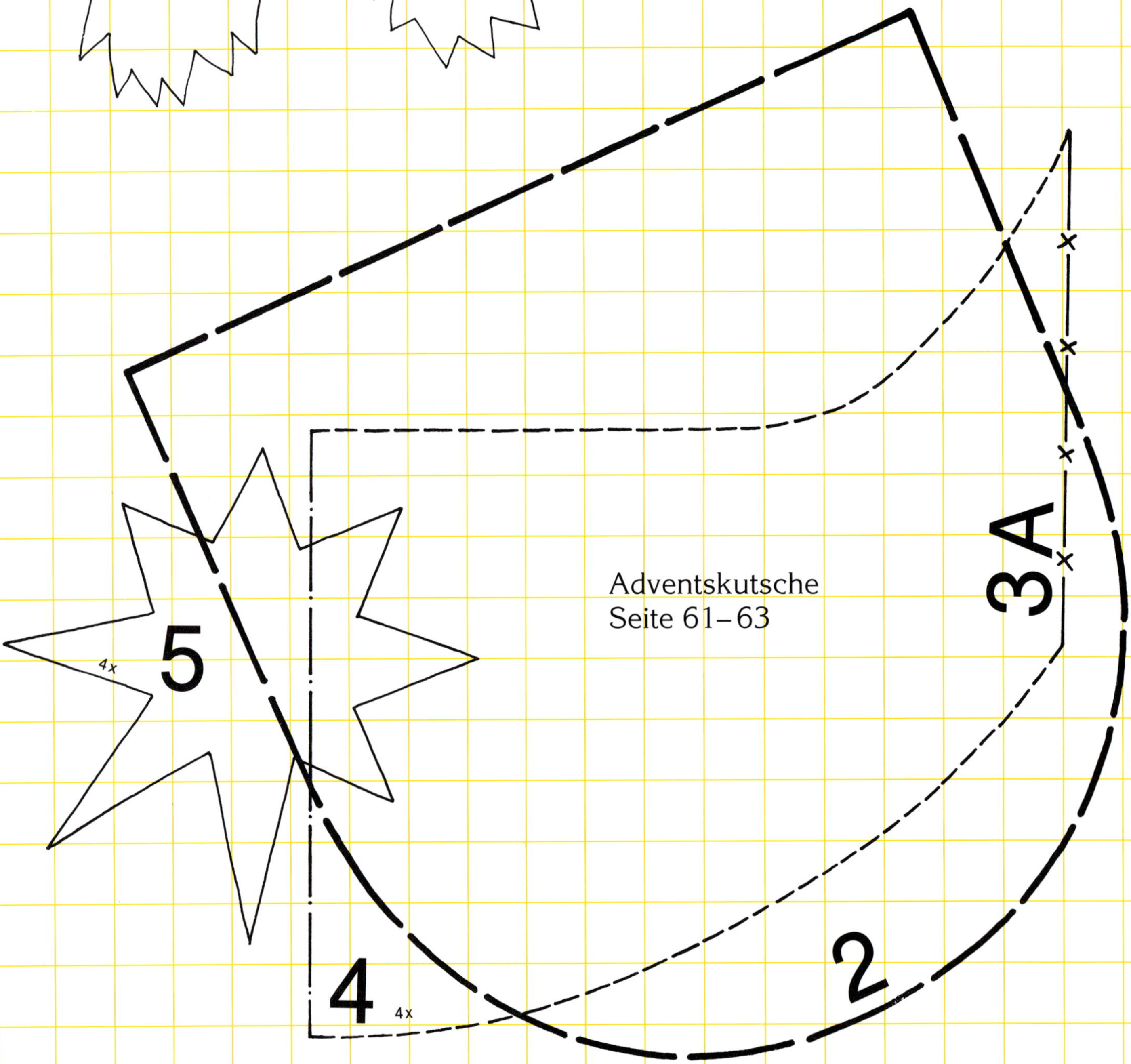

Adventskutsche
Seite 61–63

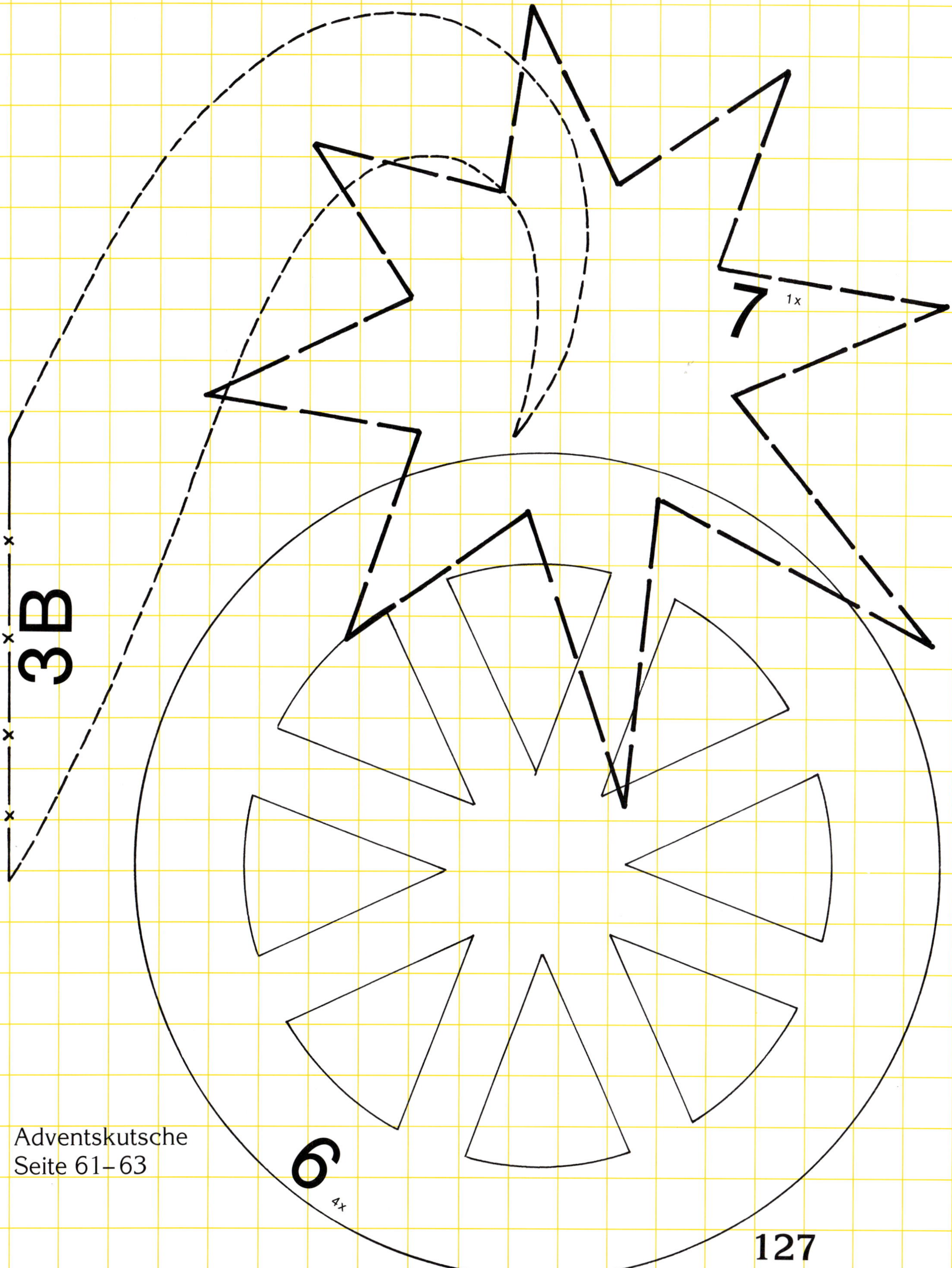

Adventskutsche
Seite 61–63

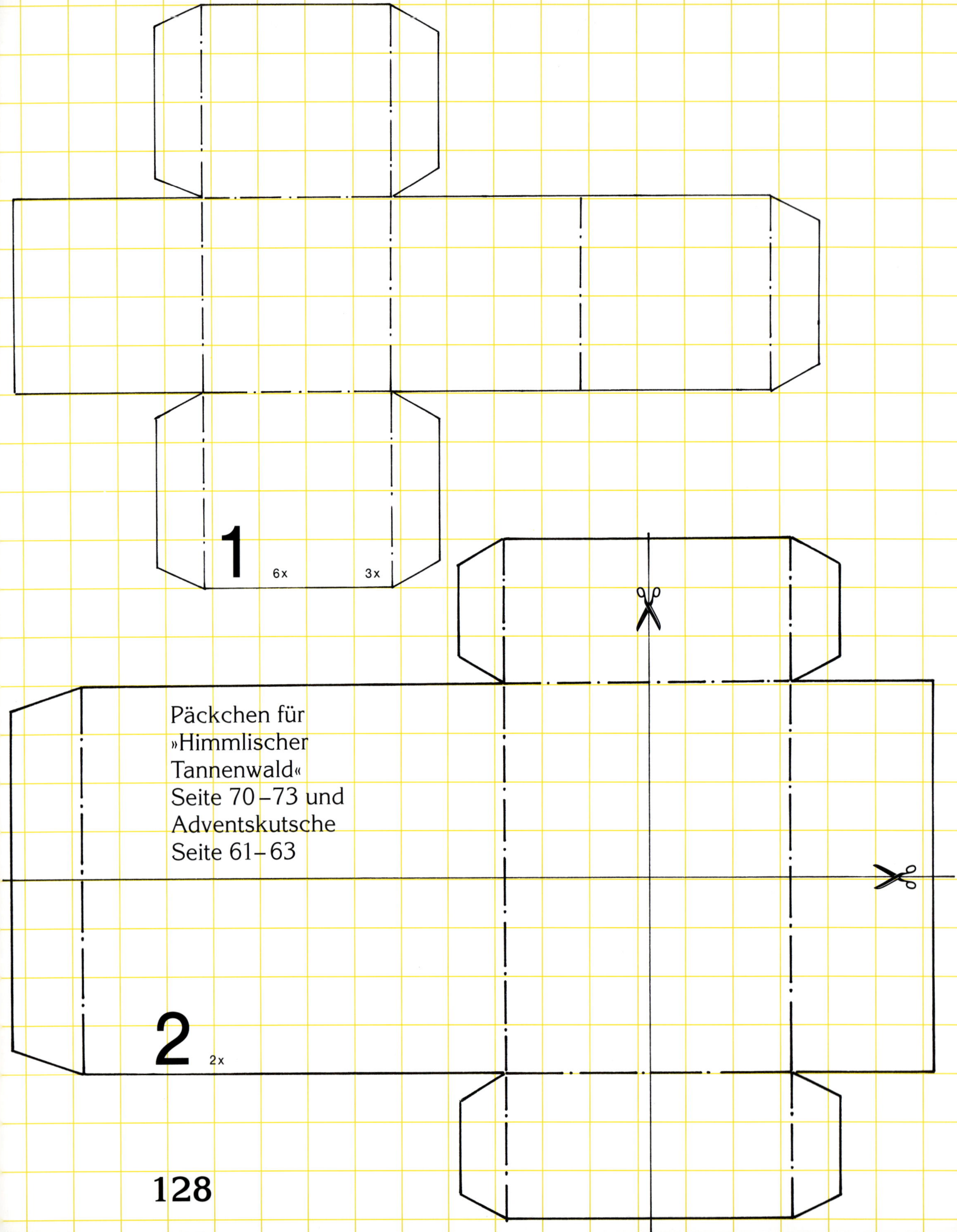
1
6x
3x
Päckchen für
»Himmlischer
Tannenwald«
Seite 70–73 und
Adventskutsche
Seite 61–63
2
2x

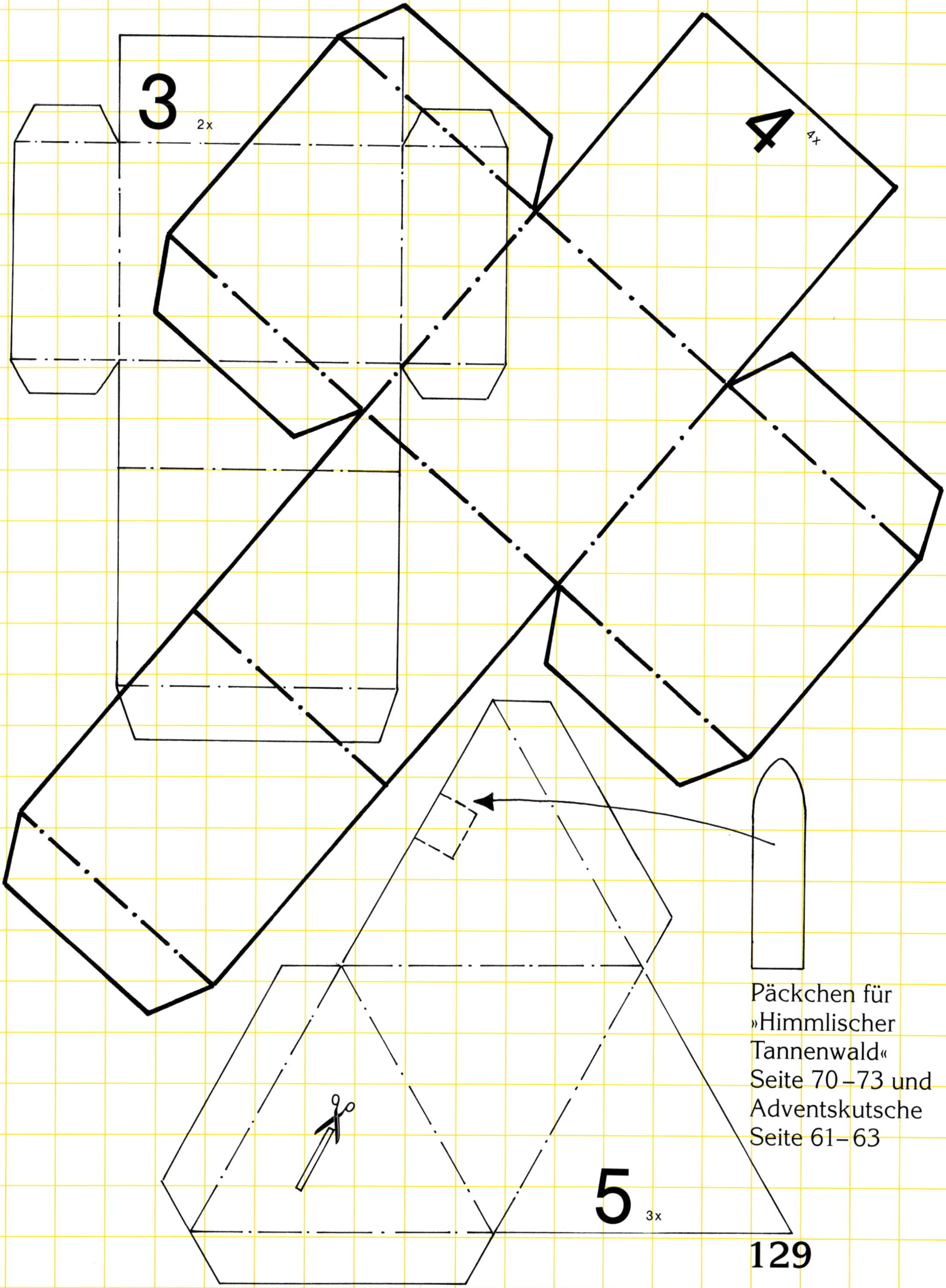

Päckchen für »Himmlischer Tannenwald« Seite 70–73 und Adventskutsche Seite 61–63

Nikolaus-Mond
Seite 64

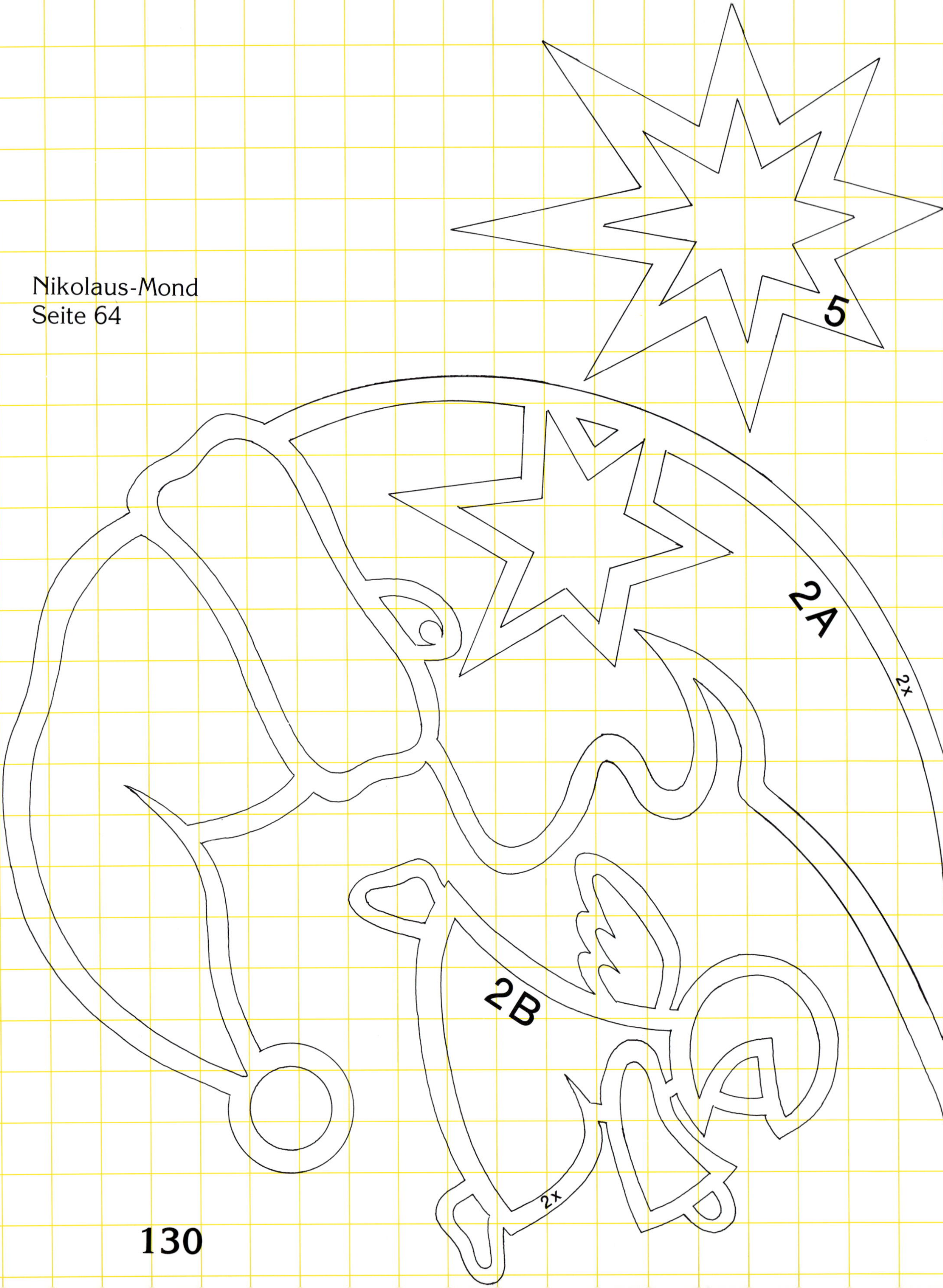

Girlanden
Seite 68

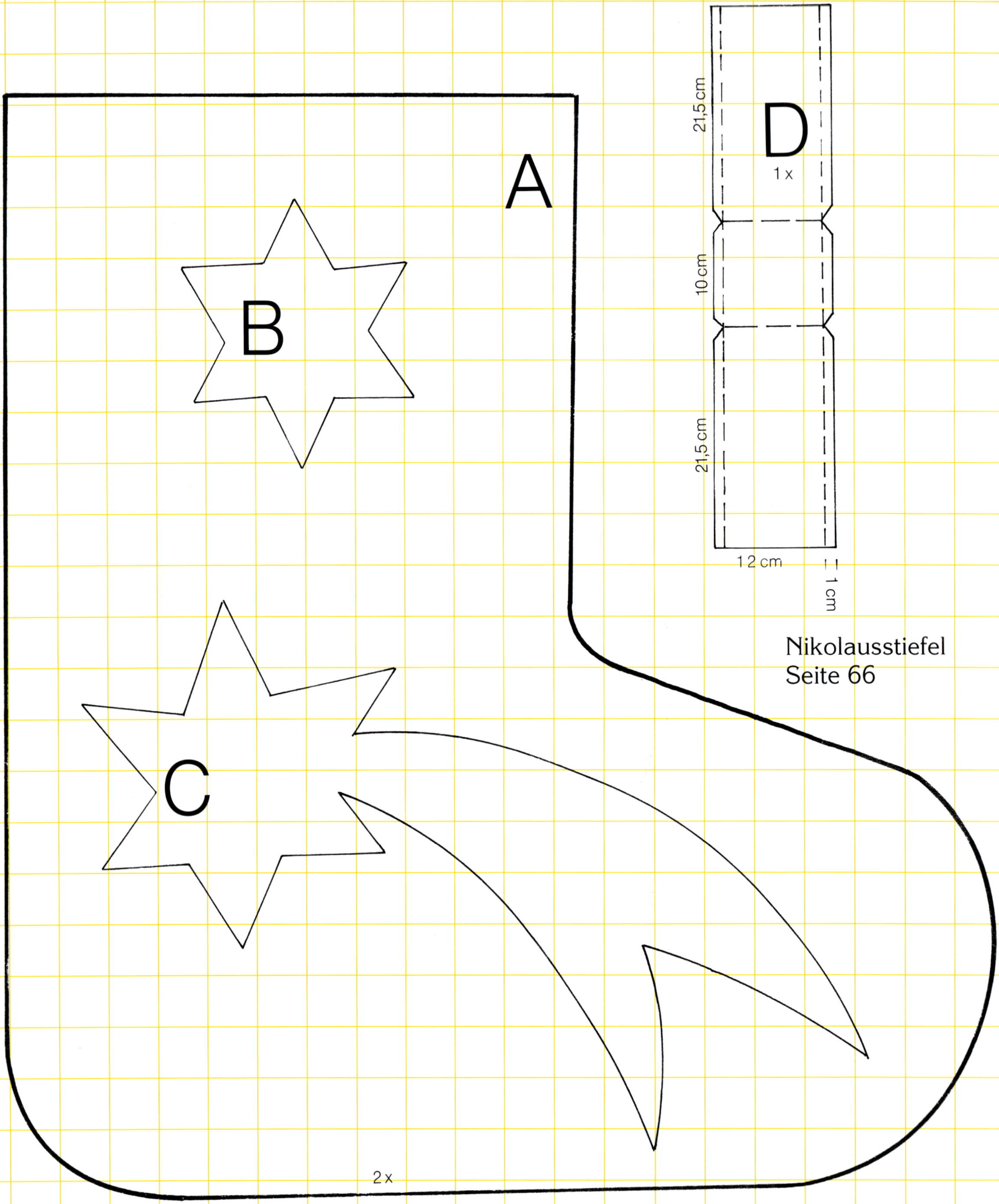

Nikolausstiefel
Seite 66

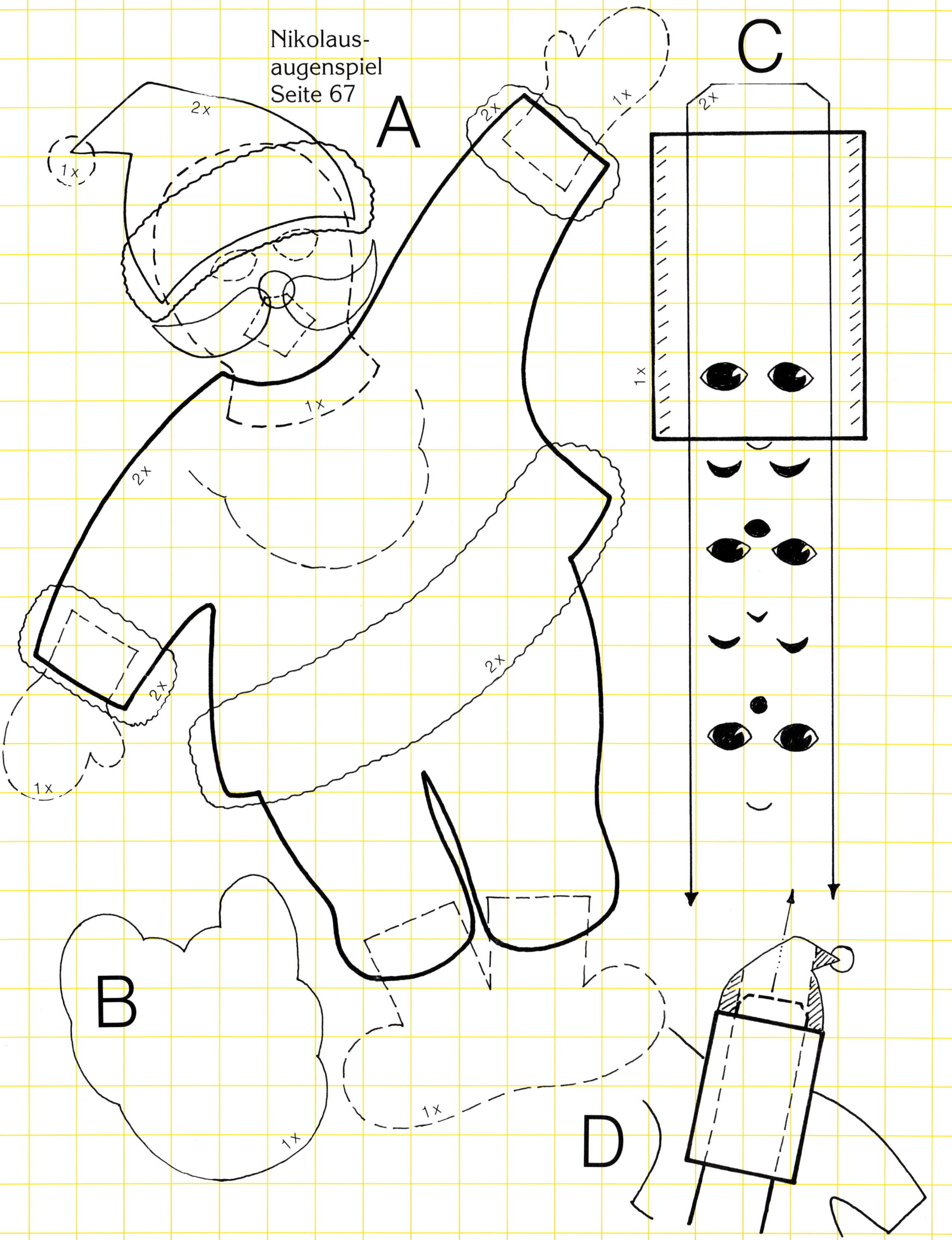
Nikolaus-
augenspiel
Seite 67
A
B
C
D
2x
1x

Nikolauslok
Seite 65

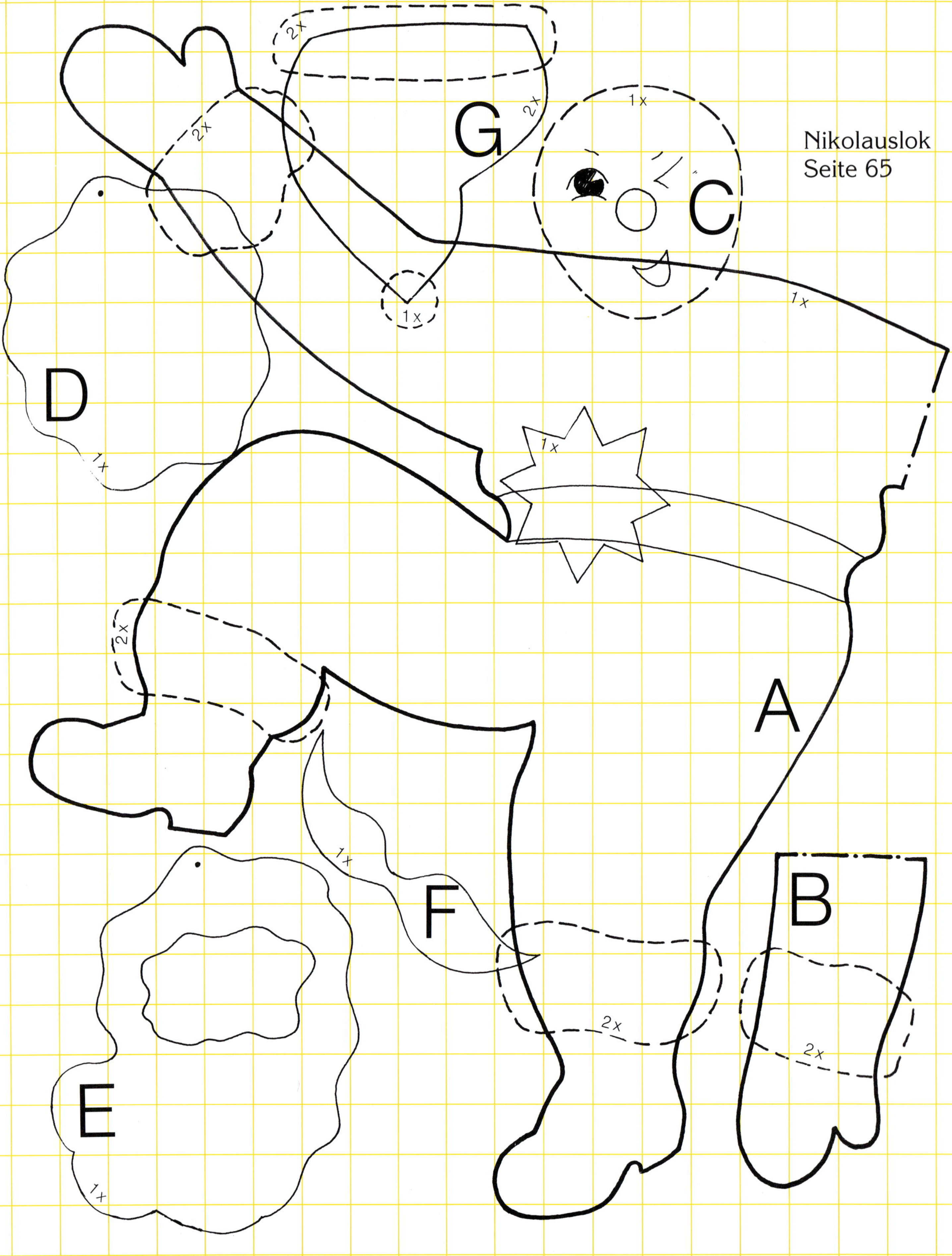

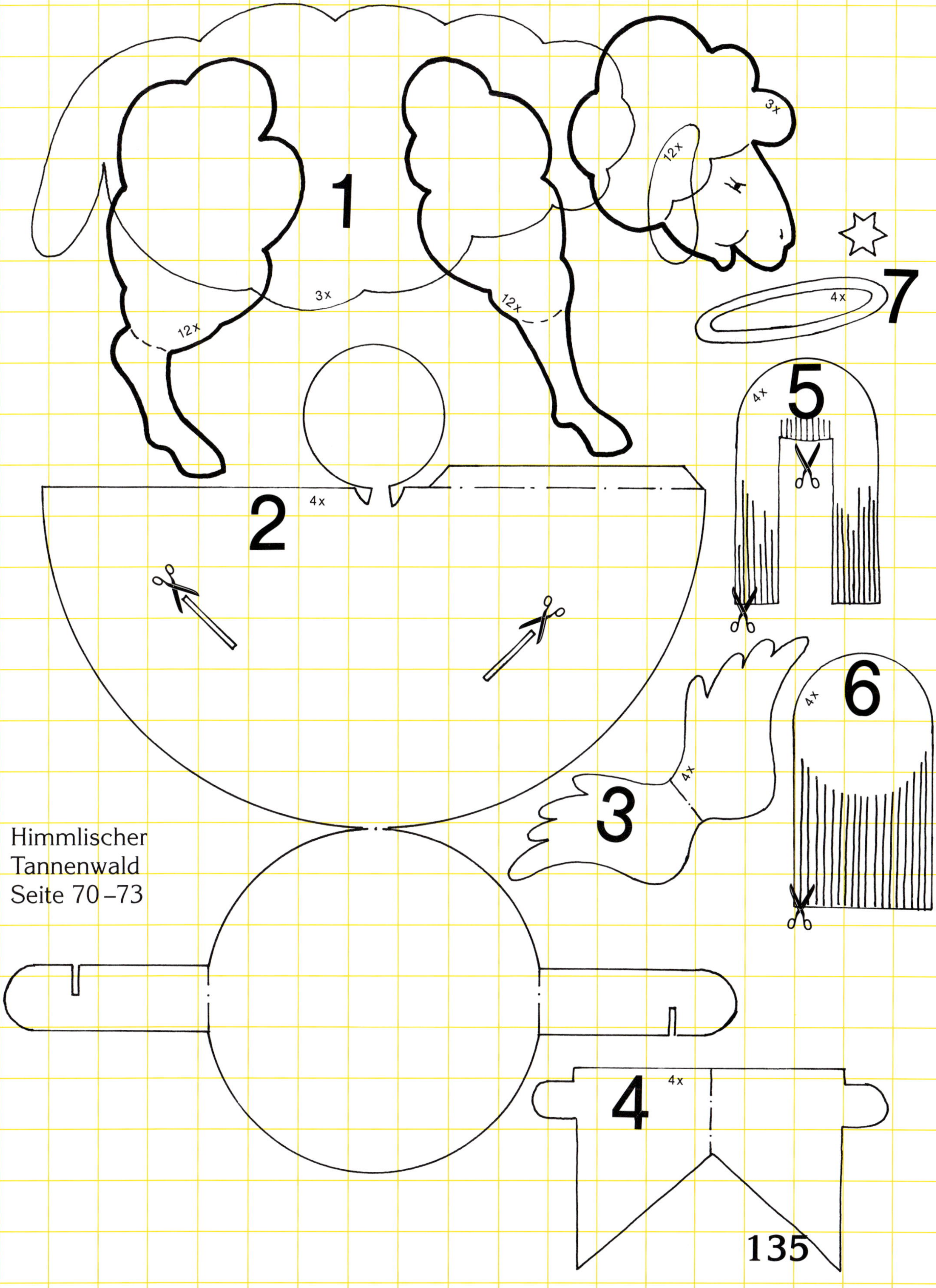

Himmlischer
Tannenwald
Seite 70 –73

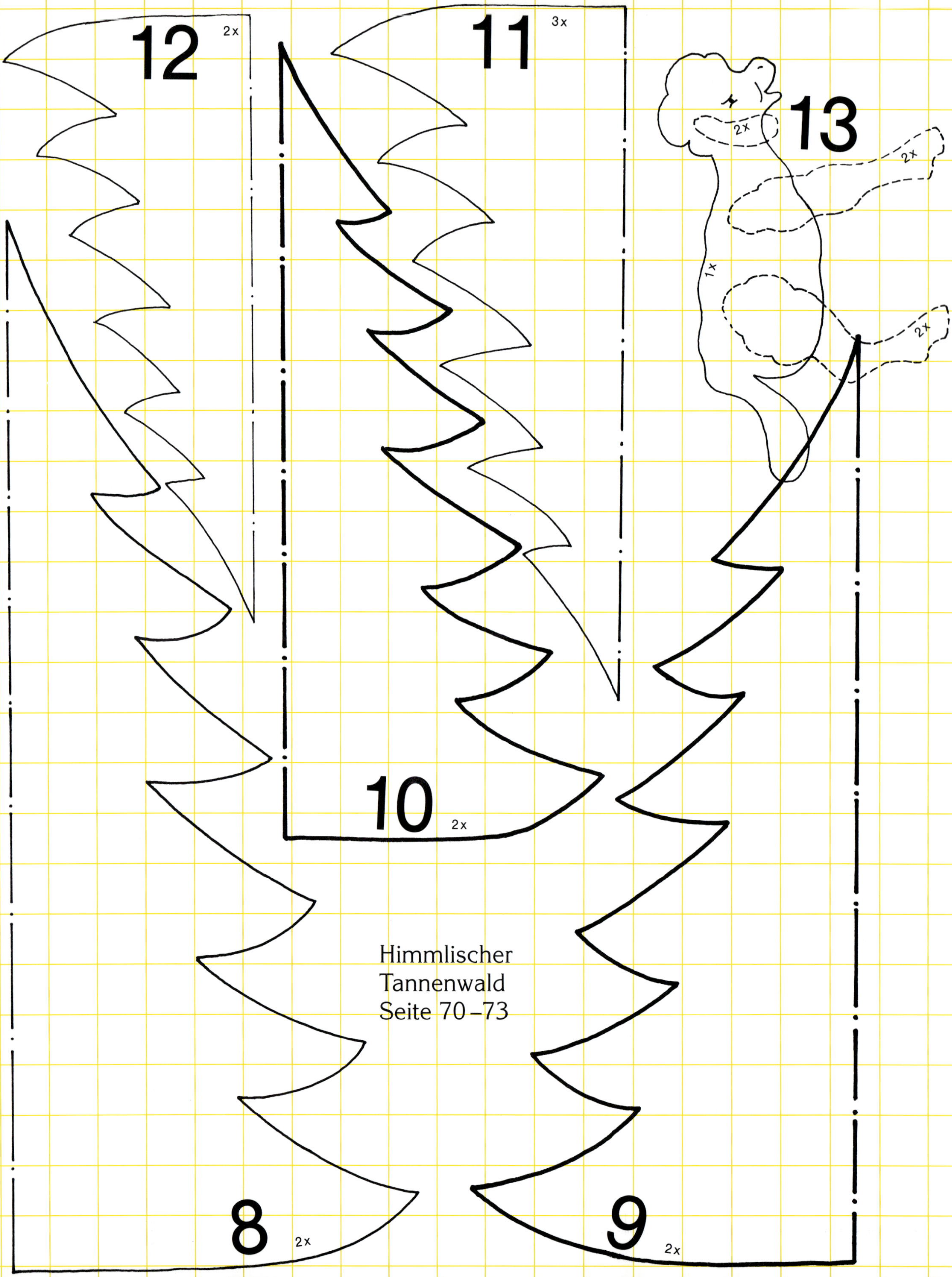

Himmlischer
Tannenwald
Seite 70–73

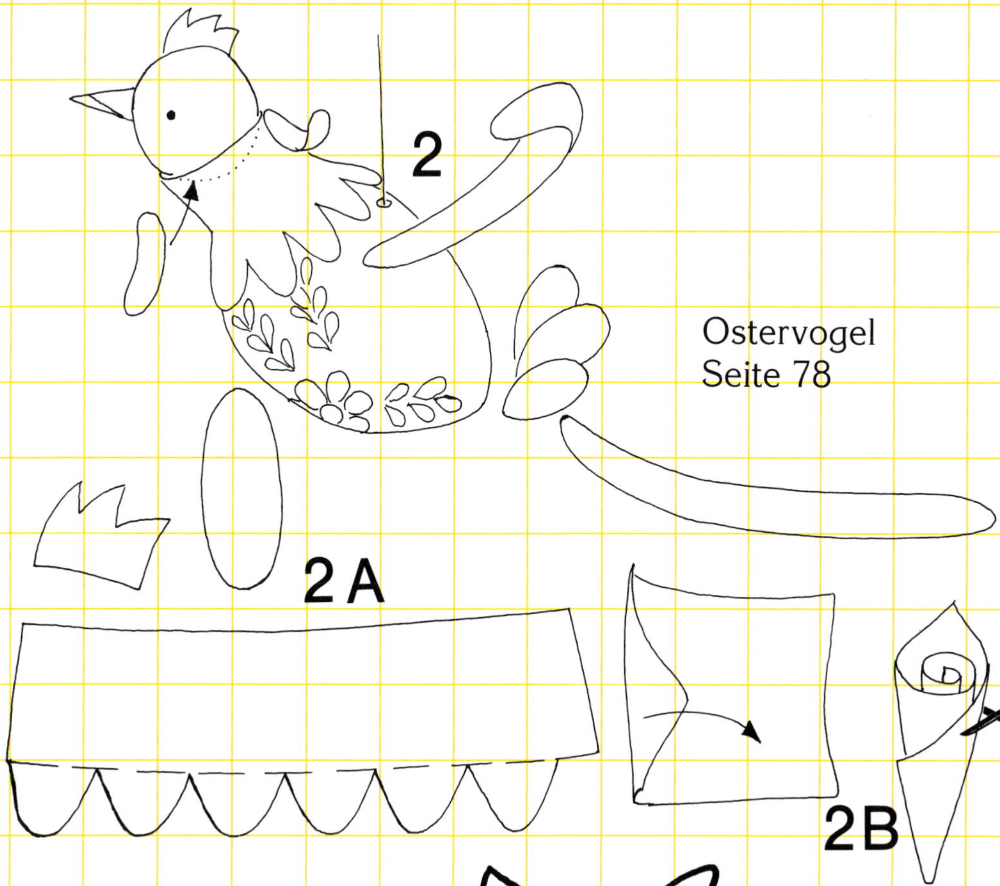

Ostervogel
Seite 78

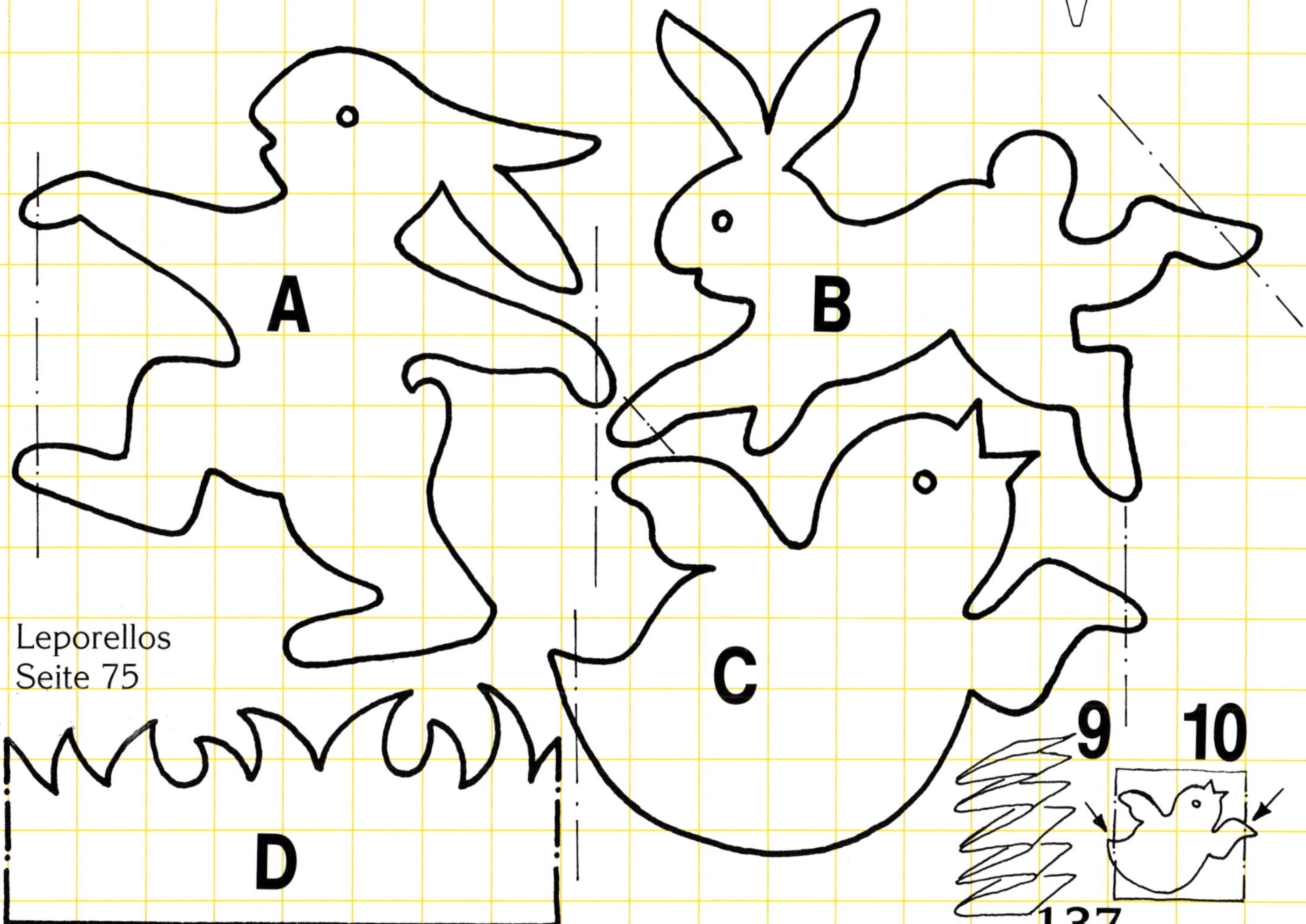

Leporellos
Seite 75

Hasentreffen
Seite 76/77

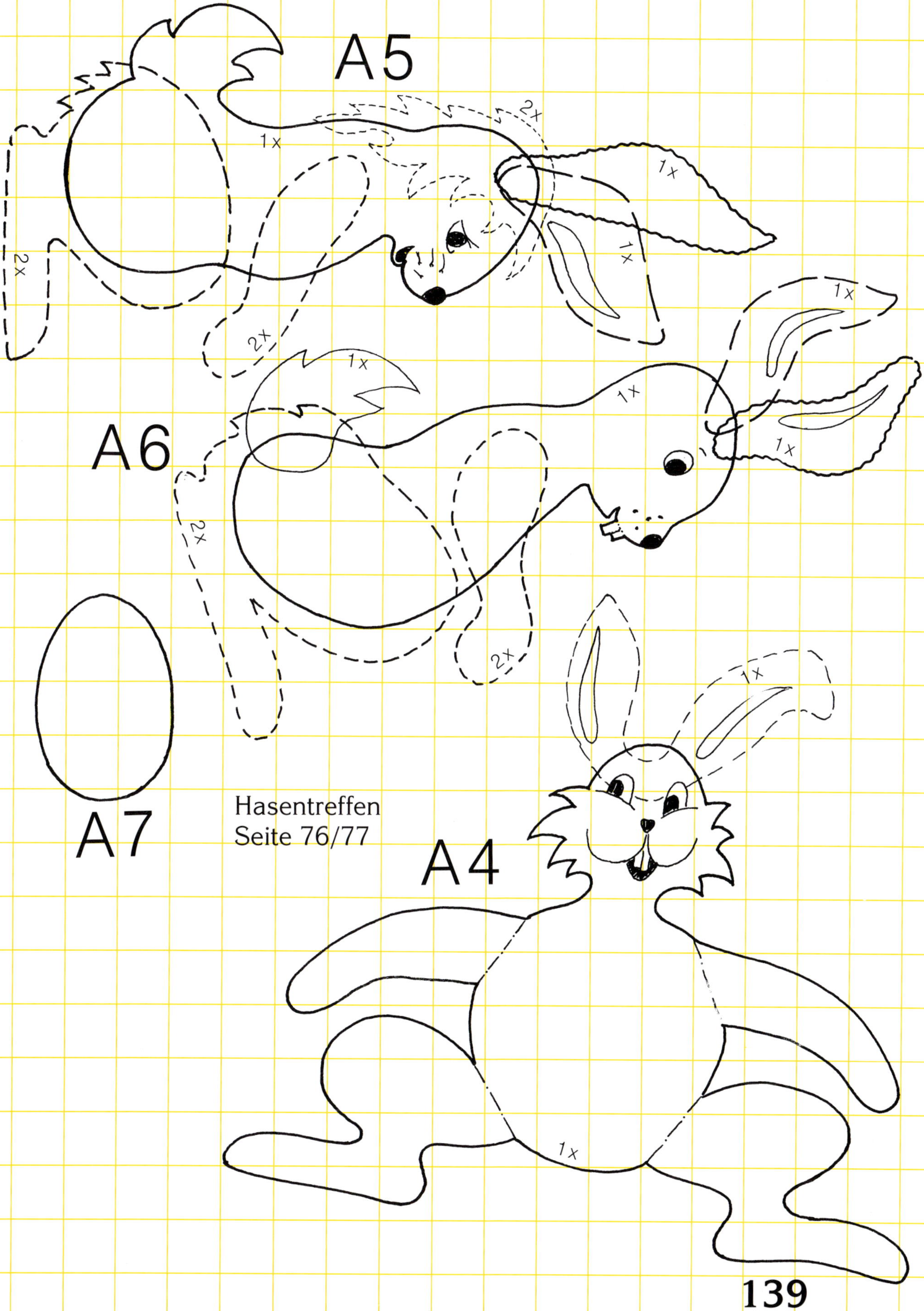

Hasentreffen
Seite 76/77

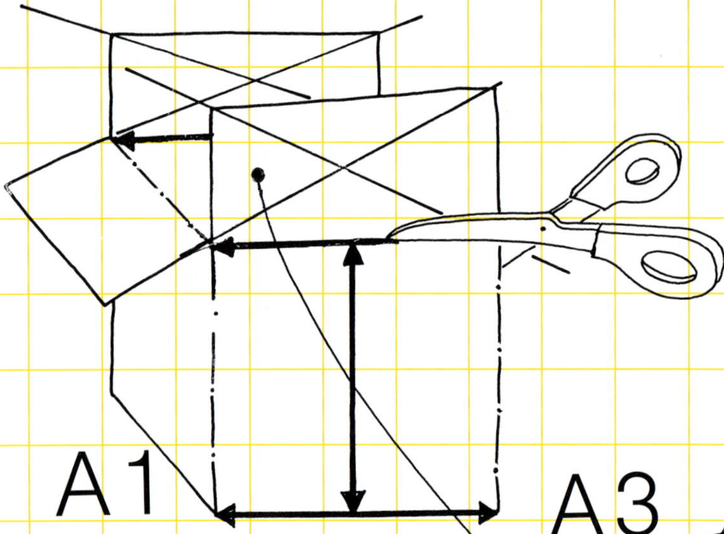

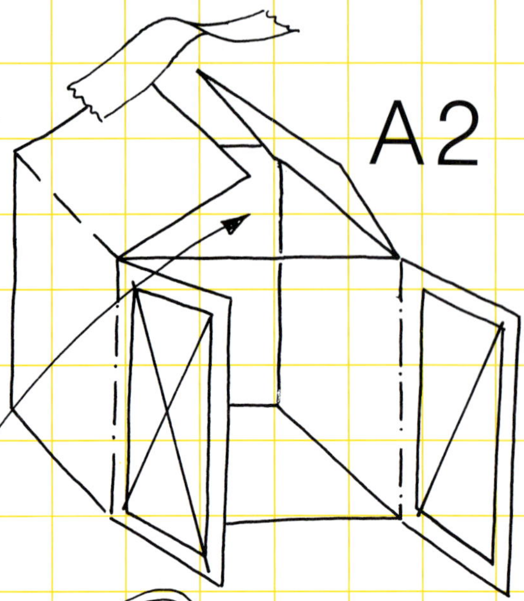

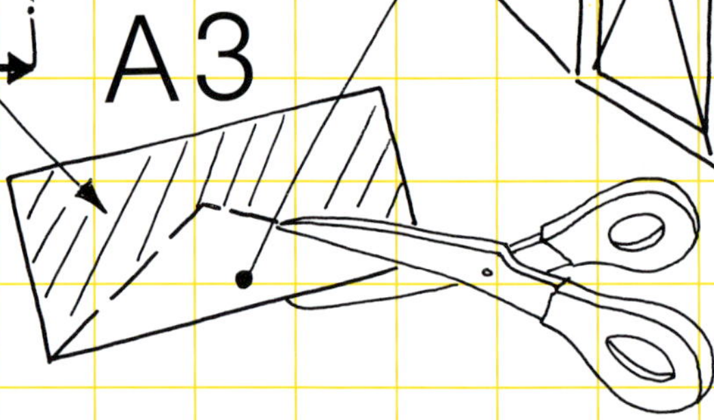

Stallnest
Seite 80 – 81

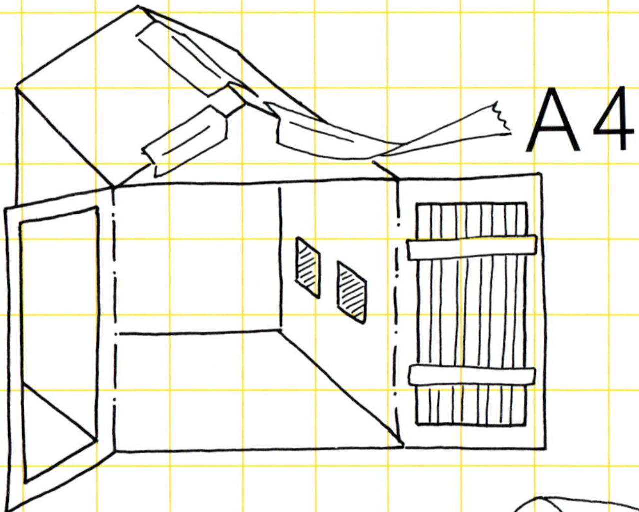

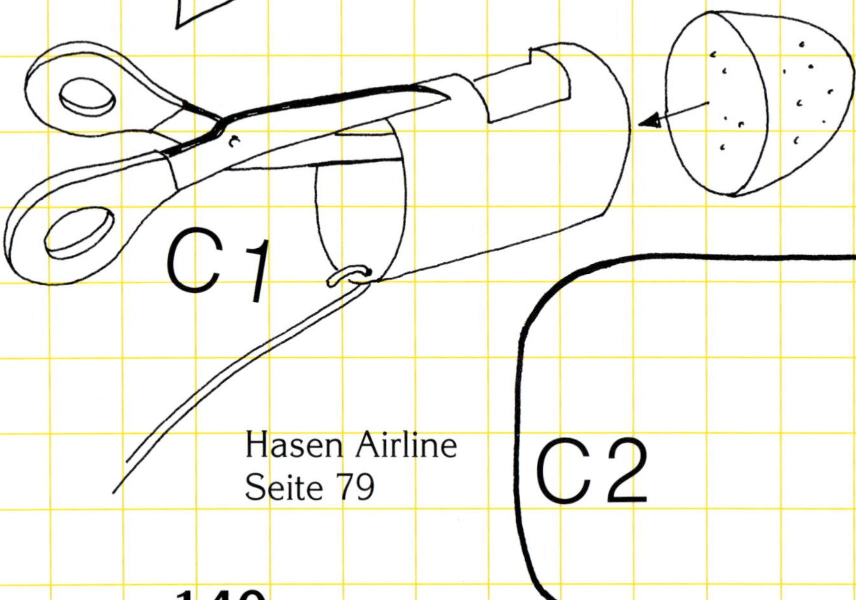

Hasen Airline
Seite 79

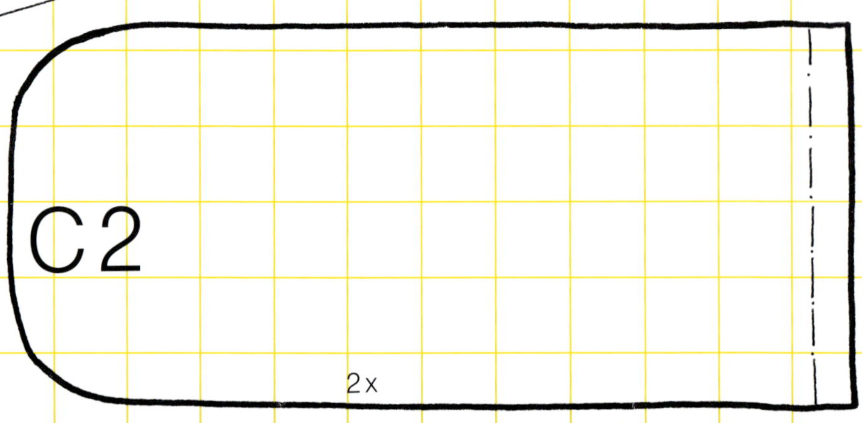

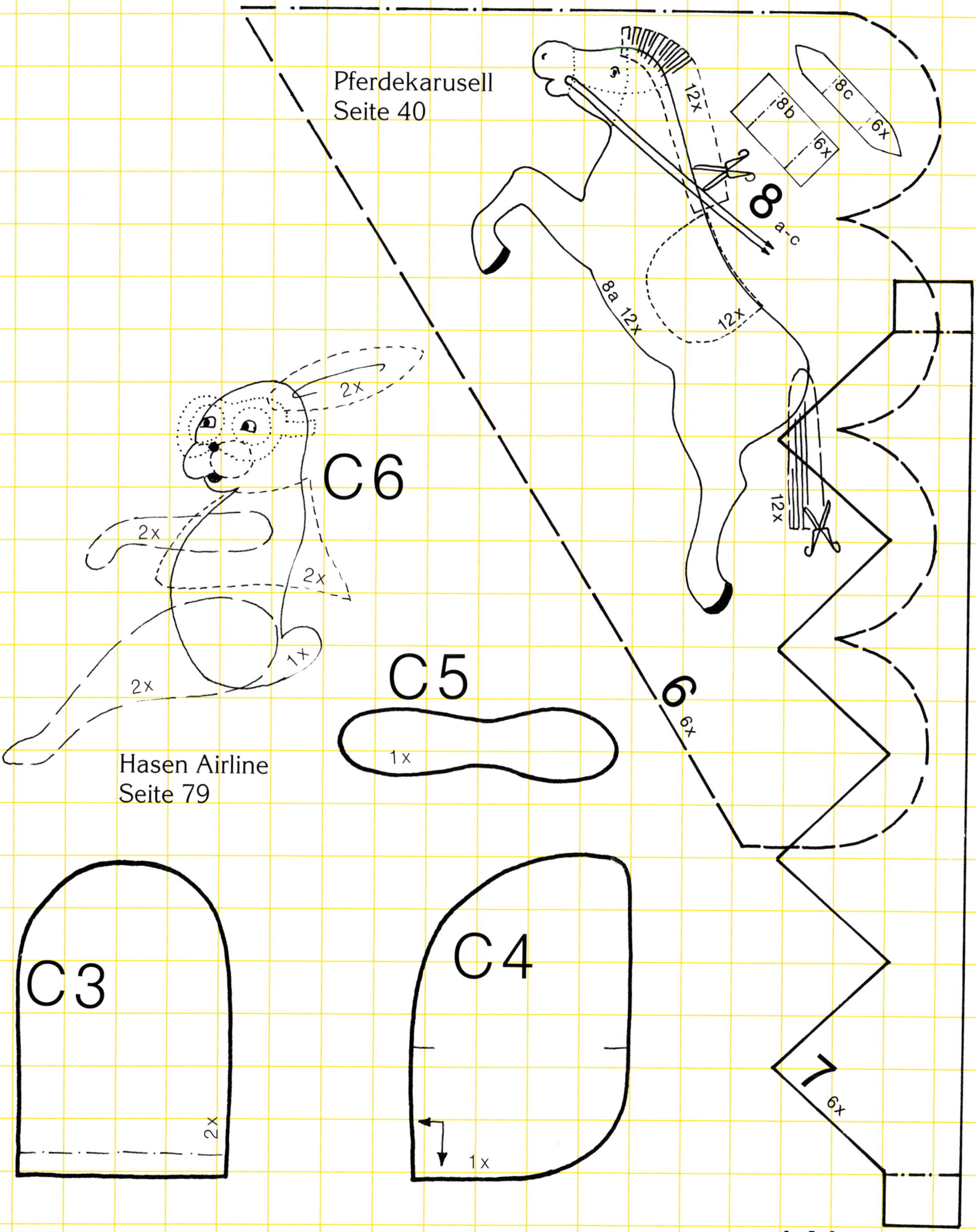
Pferdekarusell
Seite 40
8 a-c
12x
8b
8c
6x
8a 12x
12x
6
6x
7
6x
C6
2x
1x
Hasen Airline
Seite 79
C5
1x
C3
2x
C4
1x

Papierlaterne
Seite 69

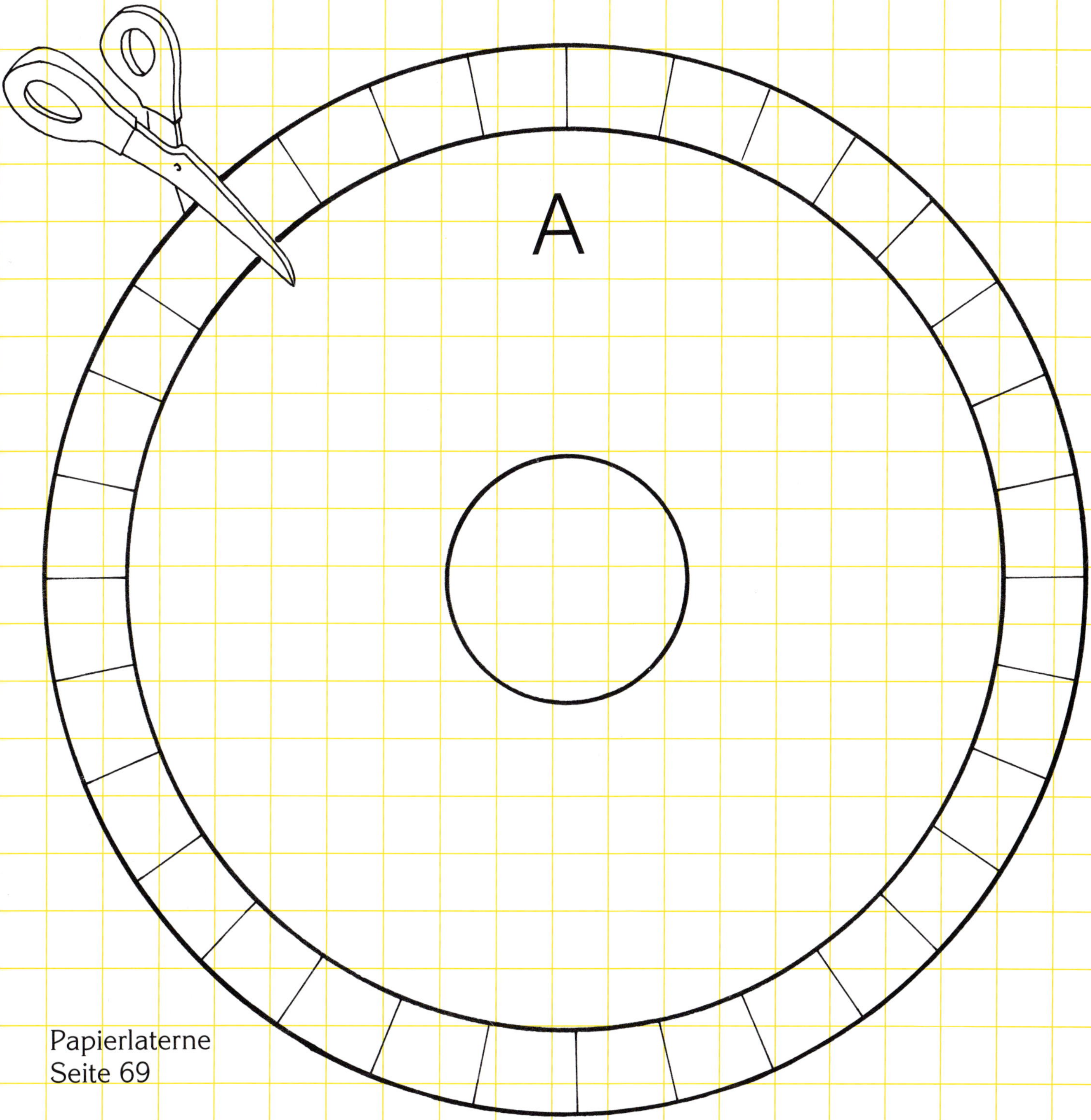

Papierlaterne
Seite 69

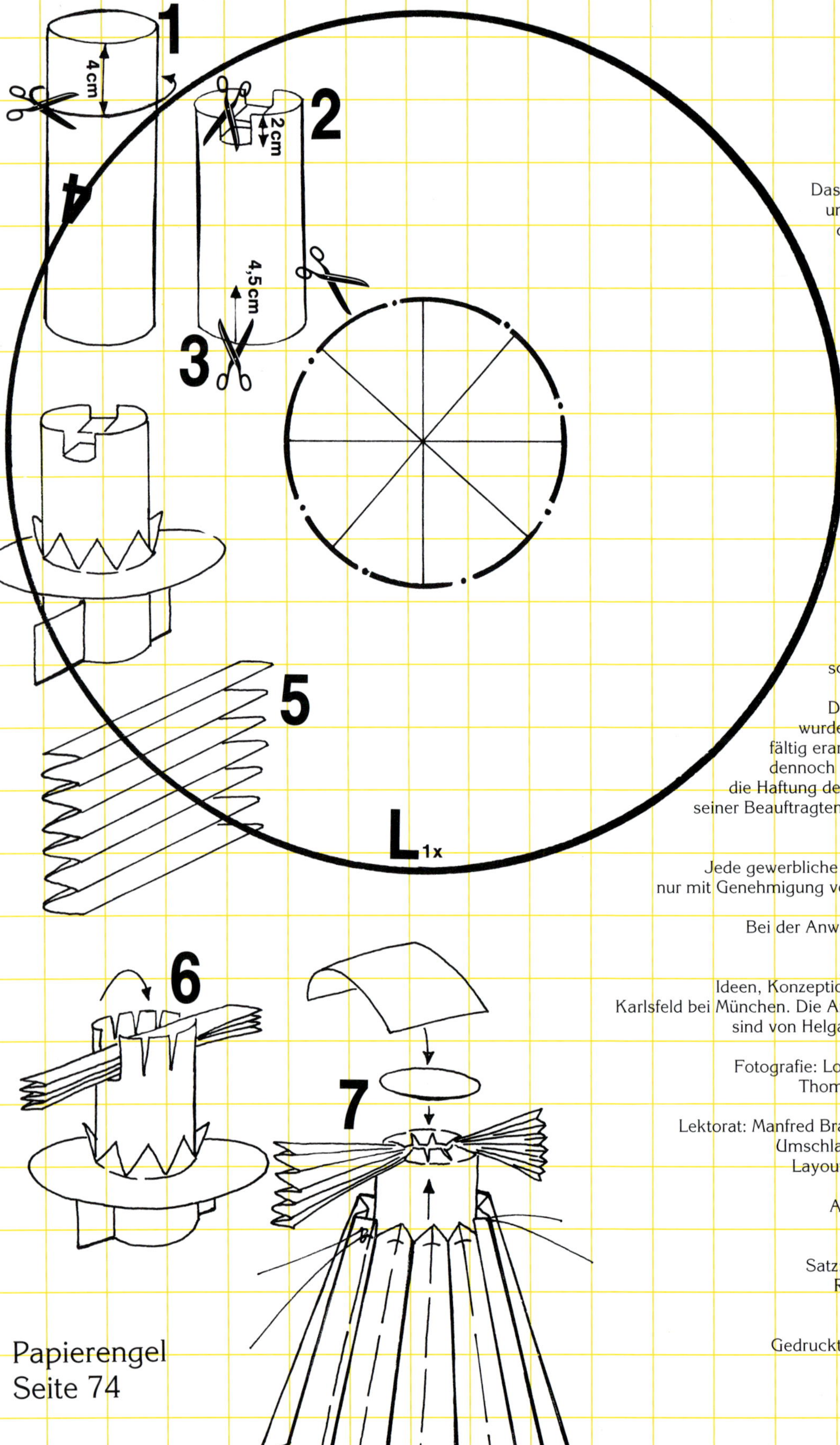

Papierengel
Seite 74

Die Deutsche Bibliothek –
CIP-Einheitsaufnahme

Das große Papierbastelbuch : Anleitungen und Vorlagen / Renate Vogl ; Helga Sander. – Augsburg : Augustus-Verl., 1996
ISBN 3-8043-0425-7
NE: Vogl, Renate; Sander, Helga

Ideen, Konzeption und Produktion: topic-Verlag GmbH, Karlsfeld bei München. Die Arbeiten auf Seite 10 - 17, 19 und 20 - 26 sind von Helga Sander, alle übrigen von Renate Vogl.

Fotografie: Lotos Film, Eberhard Thiem, Kaufbeuren
Thomas Weiskirch, Garmisch-Partenkirchen
Pavel Fekete, München
Lektorat: Manfred Braun, Augsburg; Andrea Müh, Augsburg
Umschlaggestaltung: Christa Manner, München
Layout: Design Studio Pinselstrich, Augsburg

AUGUSTUS VERLAG AUGSBURG 1996

Satz: Daniel Schindler, SailerSatz Augsburg
Reproduktion: Repro Mayr, Donauwörth
Druck und Bindung: Appl, Wemding

Gedruckt auf 120 g umweltfreundlich elementar chlorfrei gebleichtes Papier.

ISBN 3-8043-0425-7
Printed in Germany